高等学校电子信息类"十三五"规划教材

应用型网络与信息安全工程技术人才培养系列教材

# 新一代防火墙技术及应用

谢正兰　张　杰　编著
兰晓红　　　主审

西安电子科技大学出版社

# 内 容 简 介

本书共 12 章，主要内容包括：防火墙概述、防火墙常用技术、基本网络配置及常见网络环境部署、VPN 互联技术、服务器保护技术、网页防篡改技术、流量管理技术、高可用技术、风险发现及防护技术、常见攻击测试技术、NGAF 产品部署排错以及虚拟防火墙。

本书紧跟防火墙的发展前沿，既有理论深度，又有实用价值，理论与对应的项目实训紧密结合，突出重点难点，强化可操作性。本书可作为高校教材使用，也可作为云计算研发人员和云计算与网络安全技术爱好者的学习与参考资料。

**图书在版编目(CIP)数据**

新一代防火墙技术及应用 / 谢正兰，张杰编著. —西安：西安电子科技大学出版社，2018.4
ISBN 978-7-5606-4884-2

Ⅰ. ① 新… Ⅱ. ① 谢… ② 张… Ⅲ. ① 防火墙技术 Ⅳ. ① TP393.082

**中国版本图书馆 CIP 数据核字(2018)第 054551 号**

策　　划　李惠萍
责任编辑　李惠萍
出版发行　西安电子科技大学出版社(西安市太白南路 2 号)
电　　话　(029)8824288588201467　　邮　　编　710071
网　　址　www.xduph.com　　　　电子邮箱 xdupfxb001@163.com
经　　销　新华书店
印刷单位　陕西华沐印刷科技有限责任公司
版　　次　2018 年 4 月第 1 版　　2018 年 4 月第 1 次印刷
开　　本　787 毫米×1092 毫米　1/16　印　张　16.5
字　　数　389 千字
印　　数　1～3000 册
定　　价　36.00 元
ISBN 978-7-5606-4884-2 / TP
XDUP 5186001-1
***如有印装问题可调换***

# 前　言

目前，防火墙技术已经渗透到了各个行业当中，它已经成为新一代信息应用的重要基础设施，同时，掌握防火墙技术会使企业在市场中占据主动。当然，防火墙还存在着数据安全、行业标准、隐私权保护等诸多问题，然而随着技术的进步，防火墙技术将会逐渐完善。对于企业来说，对待防火墙更需要保持创新、务实和开放的态度并不断实践，所以本书引入了新一代防火墙的概念，使防火墙真正融入企业信息化应用管理中。

随着 Internet 宽带的发展与电子商务的盛行，网络安全问题变得日益重要。企业或个人越来越频繁地利用互联网进行各种交易，网络安全性已成为一个重要的议题。一般情况下，个人会用信用卡在网络上进行交易，公司之间会在网络上进行信息交换，因此一些重要资料就会在网络上流动，这时个人或公司传送的资料就有可能被拦截、修改或盗用。有些黑客为了获取他人技术而入侵别人的计算机，更严重的会导致企业的网站被破坏而无法工作并毁掉顾客资料，影响到公司的利益或顾客的隐私及权利。防火墙的目的就是保护网络不被未经授权的使用者经由外界网络不法侵入。

防火墙(Firewall)是指设置在不同网络(如可信任的企业内部网和不可信的公共网)或网络安全域之间的一系列部件的组合。它是不同网络或网络安全域之间信息的唯一出入口，能根据企业的安全政策控制(允许、拒绝、监测)出入网络的信息流，且本身具有较强的抗攻击能力。它是提供信息安全服务、实现网络和信息安全的基础设施。

为了实现企业内部所需求的各项任务，防火墙需按照各类部门用户的需求制订安全策略，主要解决对于企业内网的分配和管理，便于统一管理各个部门的工作需求，改善以往比较混乱的情况，对所有关于网络的管理进行整合。

★ 本书主要内容

在编写本书之前，笔者花费了大量的心血和精力，对于全书的架构、各章知识点和章节中示例与案例循序渐进的引入做了明确的规划，避免了内容过多，全而不精；着重章节内容的重点与难点的讲解，给出了大量应用实例、实验步骤等，强化了防火墙技术的可操作性。本书主要内容包括：防火墙概述、防火墙常用技术、基本网络配置及常见网络环境部署、VPN 互联技术、服务器保护技术、网页防篡改技术、流量管理技术、高可用技术、风险发现及防护技术、常见攻击测试技术、NGAF 产品部署排错以及虚拟防火墙。本书紧跟防火墙的发展前沿，既有理论深度，又突出实用价值，可作为高校相关专业的教材，也可作为云计算研发人员和云计算与网络安全技术爱好者的学习和参考资料。

★ 本书编写特点

· 本书采用理论与实践双线并行的架构设计，理论与对应的实战项目训练紧密结合。

· 内容精练，突出重点和难点，同时对重点难点的讲解运用了大量的示例来进行演示，便于学生理解与自学。

· 语言通俗，图文并茂；各章小结与练习题可供读者总结、提高。

★ 本书适用对象

无论是对于防火墙的初学者，还是有一定基础的 IT 运维人员，本书都是一本难得的学习和参考用书。本书非常适合高校计算机科学技术、网络工程、软件工程、网络技术、信息安全等专业高职生、本科生学习使用，也可供相关任课教师参考，还适合广大科研人员和工程技术人员研读。

由于作者水平有限，加之时间较紧，书中难免存在写作不到位的地方或疏漏之处，甚至存在错误之处，敬请读者批评指正。

编著者

2018 年 1 月

# 目　　录

# Chapter 1

# 第 1 章　防火墙概述

◆ **学习目标：**
➲ 掌握防火墙的定义及功能；
➲ 掌握防火墙的基本结构；
➲ 了解防火墙的分类；
➲ 理解新一代防火墙的定义。

◆ **本章重点：**
➲ 防火墙定义及功能；
➲ 防火墙基本结构；
➲ 新一代防火墙的定义。

◆ **本章难点：**
➲ 无

◆ **建议学时数：4 学时**

本章从防火墙的标准定义出发，阐述了防火墙的功能、基本结构和分类，以及新一代防火墙技术的发展趋势。

## 1.1　防火墙的定义及功能

防火墙(Firewall)的本义是指古代在使用木制结构房屋时，为防止火灾的发生和蔓延，人们将坚固的石块堆砌在房屋周围构筑起来的一道屏障，这种防护屏障就被称之为"防火墙"。其实与防火墙一起起作用的就是"门"。如果没有门，各房间的人如何沟通呢？这些房间的人又如何进去呢？当火灾发生时，这些人又如何逃离现场呢？这个门就相当于我们所讲的防火墙的"安全策略"，所以在此我们所说的防火墙实际并不是一堵实心墙，而是可以理解为带有一些小孔的墙。这些小孔就是用来留给那些允许进行的通信的通道，当然在这些小孔中安装了过滤机制，可以进行有效过滤，阻止非法通信。

现实生活中的防火墙就像是机场的安检部门，对进出机场的人和一切包裹进行检查，防止非法人员通过非法手段进入机场，同时保证合法包裹能够进入机场。而网络防火墙的产生正是基于以上的比喻。

### 1.1.1 防火墙的定义

国家标准 GB/T 20281—2006《信息安全技术 防火墙技术要求和测试评价方法》给出的防火墙定义是，设置在不同网络(如可信任的企业内部网络和不可信任的公共网络)或网络安全域之间的一系列部件的组合。在逻辑上，防火墙是一个分离器，一个限制器，也是一个分析器，能有效地监控流经防火墙的数据，保证内部网络和隔离区的安全。

防火墙可以是硬件也可以是软件，还可以是软硬件的组合。不管防火墙是何种形式，它本质上是一种访问控制机制。防火墙必须具备以下三个方面的基本特性：

- 内部网络和外部网络之间的所有数据流都必须经过防火墙；
- 能根据网络安全策略控制(允许、拒绝或监测)出入网络的信息流，且自身具有较强的网络抗攻击能力；
- 防火墙本身不会影响数据的流通。

### 1.1.2 防火墙的功能

一个典型的企业网络应用防火墙的拓扑结构如图 1.1 所示。在这样的拓扑结构中，网络被分为三个区域。

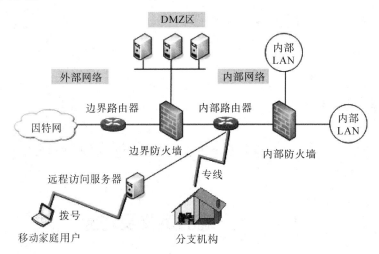

图 1.1 一个典型的企业网络应用防火墙的拓扑结构

#### 1. 外部网络

外部网络部分包括互联网的主机和网络设备，此区域为防火墙的不可信公共网络部分。防火墙处于内部网络与外部网络的边界上，将对所有外部访问内部的通信按预先设置的规则进行监控、审核和过滤，不符合规则的通信将被拒绝通过，从而起到对内网的保护作用。

### 2. DMZ 区

DMZ(Demilitarized Zone，隔离区或非军事区)是指从内部网络中划分的一个小区域，专门用于放置既需被内部访问又需提供公众服务的服务器，如企业的 Web 服务器、E-mail 服务器、FTP 服务器、DNS 服务器等。此区域由于要提供对外服务，因而其被保护级别设置得较低。

### 3. 内部网络

内部网络是防火墙要保护的对象，包括内部网络中所有核心设备，如服务器、路由器、核心交换机及用户个人电脑。内部网络有可能包括不同的安全区域，具有不同等级的安全访问权限。虽然内部网络和 DMZ 区都属于内部网络的一部分，但它们的安全级别或策略是不同的。

以上网络拓扑结构中，部署了两种类型的防火墙，其中一类是边界防火墙，另一类是内部防火墙。

#### 1) 边界防火墙

边界防火墙处于外部不可信网络(包括因特网、广域网和其他公司的专用网)与内部可信网络之间，控制来自外部不可信网络对内部可信网络的访问，防范来自外部网络的非法攻击。同时，边界防火墙保证了 DMZ 区服务器的相对安全性和使用的便利性。

目前所用的防火墙主要是边界防火墙。边界防火墙的主要功能有以下几个方面：

(1) 创建一个阻塞点。

防火墙在一个公司内部网络和外部网络间建立一个检查点。这种实现要求所有的流量都要通过这个检查点。一旦这些检查点清楚地建立，防火墙设备就可以监视网络，过滤和检查所有进出的流量。这样一个检查点，在网络安全行业中称之为"阻塞点"。通过强制所有进出流量都通过这些检查点，网络管理员可以集中在较少的地方来实现安全监测的目的。如果没有这样一个供监视和控制信息的点，系统或安全管理员则要在大量的地方来进行监测。

(2) 隔离不同网络，防止内部信息的外泄。

这是防火墙最基本的功能，它通过隔离内、外部网络来确保内部网络的安全，也限制了局部重点或敏感网络安全问题对全局网络造成的影响。企业秘密是大家普遍非常关心的问题，一个内部网络中不引人注意的细节可能包含了有关安全线索而引起外部攻击者的兴趣，甚至因此而暴露了内部网络的某些安全漏洞，使用防火墙就可以隐蔽那些透漏内部细节信息的服务。例如，Finger 显示了主机的所有用户的注册名、真实名字，最后登录时间和使用 Shell 的类型等。但是 Finger 显示的信息非常容易被攻击者所截获，攻击者通过所获取的信息可以知道一个系统使用的频繁程度，以及这个系统是否有用户正在连线上网等信息。防火墙可以同样阻塞有关内部网络中的 DNS 信息，这样一台主机的域名和 IP 地址就不会被外界所了解了。

(3) 强化网络安全策略。

通过以防火墙为中心的安全方案配置，能将所有安全软件(如口令、加密、身份认证、审计等)配置在防火墙上。与将网络安全问题分散到各个主机上相比，防火墙的集中安全管理更加经济，各种安全措施的有机结合，更能有效地对网络安全性能起到加强作用。

(4) 有效地审计和记录内、外部网络上的活动。

防火墙可以对内、外部网络存取和访问进行监控审计。如果所有的访问都经过防火墙，那么，防火墙就能记录下这些访问并进行日志记录，同时也能提供网络使用情况的统计数据。当发生可疑动作时，防火墙能进行适当的报警，并提供网络是否受到监测和攻击的详细信息。这为网络管理人员提供了非常重要的安全管理信息，可以使管理员清楚防火墙是否能够抵挡攻击者的探测和攻击，并且清楚防火墙的控制是否充足。

2) 内部防火墙

内部防火墙处于内部不同可信等级安全域之间，起隔离内部网络关键部门、子网或用户的作用。

内部防火墙的主要功能有以下几个方面：

·  可以精确制定每个用户的访问权限，保证内部网络用户只能访问必要的资源。

·  内部防火墙可以记录网段间的访问信息，及时发现误操作和来自内部网络其他网段的攻击行为。

·  通过集中的安全策略管理，使每个网段上的主机不必再单独设立安全策略，降低了因人为因素而导致的网络安全问题的可能性。

## 1.2  防火墙的基本结构

有的人认为防火墙的部署很简单，只要将防火墙的 LAN 口与企业内部网络连接，WAN 口与外部网络连接即可，其实这种看法是不正确的。由于用户的网络安全需求与防范目的不同，在实现具体的防火墙结构时，应进行不同的部署。一般防火墙有四种结构：屏蔽路由器防火墙、双宿主堡垒主机防火墙、屏蔽主机防火墙和屏蔽子网防火墙。

### 1.2.1  屏蔽路由器防火墙

屏蔽路由器防火墙结构是最初的防火墙结构方案，并不是采用专用的防火墙设备部署的，而是在原有的包过滤路由器上进行包过滤部署，因此又称之为包过滤路由器防火墙。这种防火墙应用结构如图 1.2 所示。

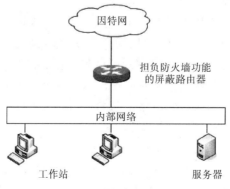

图 1.2  屏蔽路由器防火墙结构

在屏蔽路由器防火墙结构中，内部网络的所有出入都必须通过包过滤路由器，路由器审核每个数据包，依据过滤规则决定允许或拒绝数据包。

## 1.2.2　双宿主堡垒主机防火墙

双宿主堡垒主机防火墙结构用一台特殊主机来实现，这台主机也被称为堡垒主机。这台主机拥有两个不同的网络接口，一端接外部网络，另一端连接需要保护的内部网络，故称为双宿主机。此主机上运行着防火墙软件，可以转发应用程序、提供服务等，如图 1.3 所示。

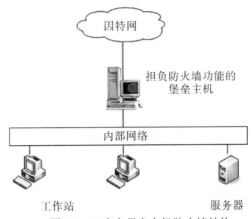

图 1.3　双宿主堡垒主机防火墙结构

双宿主堡垒主机防火墙结构优于屏蔽路由器防火墙结构，因为双宿主堡垒主机的系统软件可用于维护系统日志、硬件复制日志和远程日志，这对日后的检查很有用。但这不能帮助管理员确认哪些主机可能已被黑客入侵。

另外，双宿主堡垒主机防火墙的最大特点是 IP 层的通信是被阻止的，两个网络间的通信是靠应用层数据共享或应用层代理服务来实现的。该结构还应用于对多个内部网络或网段的安全防护，即一个堡垒主机可以同时连接着一个外网和多个内部网络，堡垒主机上需安装多个网卡。

双宿主堡垒主机是隔开内部和外部网络的唯一屏障，如果入侵者得到了双宿主机的访问权，就能迅速控制内部网络，因此双宿主机上只能安装小的服务，并设置较低的权限，以免被攻击者控制后对内部网络造成大的危害。

此外，双宿主机的角色决定了其性能非常重要，否则将影响外部用户对内部网络的访问。

## 1.2.3　屏蔽主机防火墙

屏蔽主机防火墙由屏蔽路由器和双宿主堡垒主机组成，是屏蔽路由器防火墙结构和双宿主堡垒主机防火墙结构的组合，如图 1.4 所示。

屏蔽主机防火墙使用一个屏蔽路由器，屏蔽路由器至少有一条路径，分别连接到非信任的网络和堡垒主机上。屏蔽路由器为堡垒主机提供基本的过滤服务，所有的 IP 数据包只有经过路由器过滤后才能到达堡垒主机。

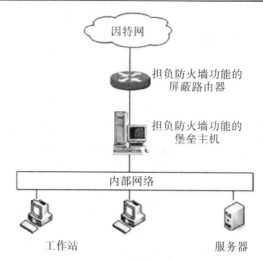

图 1.4　屏蔽主机防火墙结构

堡垒主机同样可以连接多个内部网络，只需按需安装多个网卡。

当外部网络的数据包经过路由器过滤后，还必须到堡垒主机上进行进一步检查。堡垒主机不仅可以使用网络层策略，还可以使用应用层的功能对发来的数据包进行检查，允许或者拒绝数据包进入内部网络。

屏蔽主机防火墙结构的安全等级比包过滤防火墙更高，因为它实现了网络层安全和应用层安全，入侵者在进入内部网络之前必须参透两种不同的安全系统。外部网络只能访问堡垒主机，去往内部网络的所有信息被阻断。

屏蔽主机防火墙存在一些问题，主要表现在如下三个方面：

(1) 屏蔽路由器成为安全关键点，也可能成为可信网络流量的瓶颈。

(2) 屏蔽路由器是否正确配置是防火墙安全与否的关键。屏蔽路由器的路由表必须正确防护，避免入侵者的修改。

(3) 禁止 ICMP 重新定向，以避免入侵者利用路由器对错误 ICMP 重定向消息的应答而攻击网络。

因此，在屏蔽主机防火墙结构中，堡垒主机有被绕过的可能，一旦堡垒主机被攻破，内部网络将完全暴露。

## 1.2.4　屏蔽子网防火墙

屏蔽子网防火墙使用一个或多个屏蔽路由器和堡垒主机，同时在内外网之间建立一个被隔离的子网，即 DMZ 区，这是当前应用最广泛的防火墙结构。屏蔽子网防火墙结构如图 1.5 所示。

屏蔽子网防火墙结构中存在三道防线，外部屏蔽路由器用于管理所有外部网络对 DMZ 区的访问，它只允许外部网络访问堡垒主机或 DMZ 区中对外开放的服务器，并防范来自外部网络的攻击。内部屏蔽路由器位于 DMZ 区与内部网络之间，提供第三层防御，它只接收来自堡垒主机的数据包，管理 DMZ 区到内部网络的访问，只允许内部网络访问 DMZ 区中的堡垒主机或服务器。

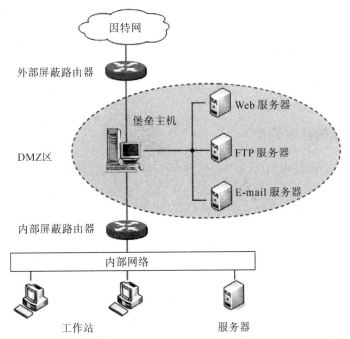

图 1.5  屏蔽子网防火墙结构

屏蔽子网防火墙系统的安全性很好，不管是外部网络访问内部网络的流量，还是内部网络访问外部网络的流量，都必须经过 DMZ 区子网并接受检查。

堡垒主机上可运行代理服务，是最容易受到入侵的，一旦堡垒主机被控制，可以屏蔽子网结构，在内部屏蔽路由器的保护下，保证内部可信网络的安全。当然，屏蔽子网防火墙结构也存在以下两点不足：

- 比其余结构所花的代价更高。
- 堡垒主机的配置更加复杂。

# 1.3  防火墙的分类

认识了防火墙的基本结构之后，我们就来对当前市场上的防火墙进行分类。目前市场上的防火墙产品非常之多，划分的标准也比较复杂，本节只对主流的分类标准进行介绍。

## 1.3.1  从防火墙的物理特性分类

很明显，如果从防火墙的物理特性来分，防火墙可以分为硬件防火墙和软件防火墙。

### 1. 硬件防火墙

最初的防火墙与我们平时所看到的集线器、交换机一样，都属于硬件产品。它在外观上与集线器和交换机类似，只有少数几个接口，分别用于连接内、外部网络，由防火墙的基本作用决定。

**2. 软件防火墙**

随着防火墙应用的逐步普及和计算机软件技术的发展，为了满足不同层次用户对防火墙技术的需求，许多网络安全软件厂商开发出了基于纯软件的防火墙，俗称"个人防火墙"。之所以说它是"个人防火墙"，是因为它安装在主机中，只对一台主机进行防护，而不是对整个网络进行防护。

## 1.3.2　从防火墙的技术分类

总体来讲，防火墙技术可分为"包过滤型"和"应用代理型"两大类。前者以以色列的 Checkpoint 防火墙和 Cisco 公司的 PIX 防火墙为代表，后者以美国 NAI 公司的 Gauntlet 防火墙为代表。

### 1. 包过滤(Packet filtering)型防火墙

包过滤型防火墙工作在 OS 参考模型的网络层和传输层，它根据数据包头源地址、目的地址、端口号和协议类型等标志确定是否允许该数据包通过。只有满足过滤条件的数据包才被转发到相应的目的地，其余数据包则在数据流中被丢弃。

包过滤方式是一种通用、廉价和有效的安全手段。之所以通用，是因为它不是针对各个具体的网络服务采取特殊的处理方式，它适用于所有网络服务；之所以廉价，是因为大多数路由器都提供数据包过滤功能，所以这类防火墙多数是由路由器集成的；之所以有效，是因为它在很大程度上满足了绝大多数企业的安全要求。

在整个防火墙技术的发展过程中，包过滤技术出现了两种不同的版本，即第一代静态包过滤和第二代动态包过滤。

1) 第一代静态包过滤型防火墙

这类防火墙几乎是与路由器同时产生的，它是根据定义好的过滤规则审查每个数据包，以便确定其是否与某一条包过滤规则匹配。过滤规则基于数据包的报头信息进行制定。报头信息中包括 IP 源地址、IP 目标地址、传输协议(TCP、UDP、ICMP 等)、TCP/UDP 目标端口、ICMP 消息类型等。

2) 第二代动态包过滤型防火墙

这类防火墙采用动态设置包过滤规则的方法，避免了静态包过滤所具有的问题。这种技术后来发展成为包状态监测(Stateful Inspection)技术。采用这种技术的防火墙对通过其建立的每一个连接都进行跟踪，并且根据需要可动态地在过滤规则中增加或更新条目。

包过滤方式的优点是不用改动客户机和主机上的应用程序，因为它工作在网络层和传输层，与应用层无关。但其弱点也是明显的：过滤判别的依据只是网络层和传输层的有限信息，因而各种安全要求不可能充分满足；在许多过滤器中，过滤规则的数目是有限制的，且随着规则数目的增加，性能会受到很大的影响；由于缺少上下文关联信息，不能有效地过滤如 UDP、RPC 一类的协议；另外，大多数过滤器中缺少审计和报警机制，它只能依据包头信息，而不能对用户身份进行验证，很容易受到"地址欺骗型"攻击。对安全管理人员素质要求高，建立安全规则时，必须对协议本身及其在不同应用程序中的作用有较深入的理解。因此，过滤器通常和应用网关配合使用，共同组成防火墙系统。

### 2. 应用代理(Application Proxy)型防火墙

应用代理型防火墙工作在 OSI 的最高层，即应用层。其特点是完全"阻隔"了网络通信流，通过对每种应用服务编制专门的代理程序，实现监视和控制应用层通信流的作用。

在代理型防火墙技术的发展过程中，也经历了两个不同的版本，即第一代应用网关型防火墙和第二代自适应代理型防火墙。

1) 第一代应用网关(Application Gateway)型防火墙

这类防火墙是通过一种代理(Proxy)技术参与到一个 TCP 连接的全过程。从内部发出的数据包经过这样的防火墙处理后，就好像是源于防火墙外部网卡一样，从而可以达到隐藏内部网络结构的作用。这种类型的防火墙被网络安全专家和媒体公认为是最安全的防火墙。它的核心技术就是代理服务器技术。

2) 第二代自适应代理(Adaptive Proxy)型防火墙

这类防火墙是近几年才得到广泛应用的一种新型防火墙。它可以结合代理型防火墙的安全性和包过滤防火墙的高速度等优点，在毫不损失安全性的基础之上将代理型防火墙的性能提高 10 倍以上。组成这种类型防火墙的基本要素有两个：自适应代理服务器(Adaptive Proxy Server)与动态包过滤器(Dynamic Packet Filter)。

在"自适应代理服务器"与"动态包过滤器"之间存在一个控制通道。在对防火墙进行配置时，用户仅仅将所需要的服务类型、安全级别等信息通过相应 Proxy 的管理界面进行设置就可以了。然后，自适应代理会根据用户的配置信息，决定是使用代理服务从应用层代理请求还是从网络层转发包。如果是后者，它将动态地通知包过滤器增减过滤规则，以满足用户对速度和安全性的双重要求。

代理型防火墙的最突出的优点就是安全。由于它工作于最高层，所以它可以对网络中任何一层数据通信进行筛选保护，而不是像包过滤那样，只是对网络层的数据进行过滤。

另外，代理型防火墙采取的是一种代理机制，它可以为每一种应用服务建立一个专门的代理，所以内外部网络之间的通信不是直接的，而都需先经过代理服务器审核，通过后再由代理服务器代为连接，根本没有给内、外部网络计算机任何直接会话的机会，从而避免了入侵者使用数据驱动类型的攻击方式入侵内部网络。包过滤型防火墙是很难彻底避免这一漏洞的。就像你要向一个陌生人递交一份声明一样，如果你先将这份声明交给你的律师，然后律师就会审查你的声明，确认没有什么负面的影响后才由他将此声明交给那个陌生人。在此期间，陌生人对你的存在一无所知，因为他仅与你的律师进行交接。如果他要对你进行侵犯，他直接面对的将是你的律师，而你的律师当然比你更加清楚该如何对付这种人。

## 1.3.3 从防火墙的应用部署分类

如果按防火墙的应用部署位置划分，防火墙可以分为边界防火墙、混合防火墙、个人防火墙三大类。

### 1. 边界防火墙

边界防火墙是最传统的那种防火墙，它们位于内、外部网络的边界，所起的作用是对内、外部网络实施隔离，保护边界内部网络。这类防火墙一般都是硬件类型的，价格较贵，性能较好。

### 2. 混合防火墙

混合防火墙可以说是"分布式防火墙"或者"嵌入式防火墙"，它是一整套防火墙系统，由若干个软、硬件组件组成，分布于内、外部网络边界和内部各主机之间，既对内、外部网络之间的通信进行过滤，又对网络内部各主机间的通信进行过滤。它属于最新的防火墙技术之一，性能最好，价格也最贵。

### 3. 个人防火墙

个人防火墙安装于单台主机中，防护的也只是单台主机。这类防火墙应用于广大的个人用户，通常为软件防火墙，其价格最便宜，性能也最差。

## 1.3.4　从防火墙的性能分类

按防火墙的性能划分，可将防火墙分为百兆级防火墙、千兆级防火墙两类。

因为防火墙通常位于网络边界，所以至少是百兆级的。这主要是指防火墙的通道带宽，或者说是吞吐率。当然通道带宽越宽，性能越高，这样的防火墙因包过滤或应用代理所产生的延时也越小，对整个网络通信性能的影响也就越小。

# 1.4　新一代防火墙技术

## 1.4.1　为什么需要新一代防火墙

### 1. 网络发展的趋势让传统防火墙方案失效

近几年来，越来越多的安全事故告诉我们，安全风险比以往更加难以察觉。随着网络安全形势逐渐恶化，网络攻击愈加频繁，传统防火墙安全方案已不再适应互联网的发展，这主要体现在以下几个方面：

- 网络中大量的新应用建立在 HTTP/HTTPS 标准协议之上；
- 许多威胁依附在应用之中，传播肆虐；
- 据 Gartner 报告，75% 的攻击来自应用层；
- 攻击的多样化和黑客的平民化。

比如在 80 端口上的应用就有 N 种，传统防火墙在网络层、传输层要如何来做限制呢？更何况有那么多的应用和服务！

传统的防火墙存在以下缺陷：

- 基于包头信息做检测；

- 无法分辨应用及其内容；
- 不能区分用户，更无法分析记录用户的行为。

因此，适应互联网发展的新一代防火墙势在必行。

### 2. "补丁式"设备堆叠的防火墙替代方案

由于防火墙功能上的缺失使得企业在网络安全建设的时候针对现有多样化的攻击类型采取了打补丁式的设备叠加方案，形成了"串糖葫芦"式部署。通常我们看到的网络安全规划方案大多都会以防火墙＋入侵防御系统＋网关杀毒＋……的形式出现，如图 1.6 所示。这种方式在一定程度上能弥补防火墙功能单一的缺陷，对网络中存在的各类攻击形成了似乎全面的防护。但在这种环境中，管理人员通常会遇到如下困难：

- 多种设备堆砌，投资高，功能上有重合；
- 设备多，线路多，维护成本高；
- 效率低，数据包文要反复封装、发送，就像机场安检总排长队一样；
- 维护复杂，独立管理，安全风险无法分析。

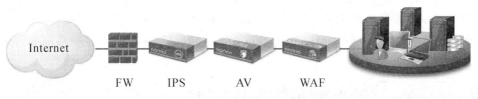

图 1.6　"补丁式"设备堆叠的防火墙替代方案

有几种设备就可以看到几种攻击，但是各设备是割裂的，难以对安全日志进行统一分析；有攻击才能发现问题，在没有攻击的情况下，就无法看到业务漏洞，但这并不代表业务漏洞不存在；即使发现了攻击，也无法判断业务系统是否真正存在安全漏洞，还是无法指导客户进行安全防护建设。

有几种设备就可以防护几种攻击，但大部分客户无法全部部署，所以存在短板；即使全部部署，这些设备也不对服务器和终端向外主动发起的业务流进行防护，在面临新的未知攻击的情况下缺乏有效防御措施，还是存在漏洞会被绕过的风险。

### 3. UTM 统一威胁管理

2004 年 IDC 推出统一威胁管理 UTM 的概念。这种设备的理念是将多个功能模块集中。如将 FW、IPS、AV 联合起来达到统一防护、集中管理的目的。这无疑给安全建设者们提供了更新的思路。事实证明，国内市场 UTM 产品确实得到了用户的认可，据 IDC 统计数据显示，2009 年 UTM 市场增长迅速，但 2010 年 UTM 的增长率同比有明显的下降趋势。这是因为 UTM 设备仅仅将 FW、IPS、AV 进行了简单的整合，传统防火墙安全与管理上的问题依然存在，比如缺乏对 Web 服务器的有效防护等；另外，UTM 开启多个模块时是串行处理机制，一个数据包先过一个模块处理一遍，再重新过另一个模块处理一遍，一个数据要经过多次拆包，多次分析，性能和效率使得 UTM 难以令人信服。Gartner 认为 "UTM 安全设备只适合中小型企业使用，而 NGFW 才适合员工人数多于 1000 人规模的大型企业使用。

### 1.4.2　新一代防火墙的概念

随着用户安全需求的不断增加，新一代防火墙必将集成更多的安全特性来应对众多的攻击行业和业务流程的变化。著名市场分析咨询机构 Gartner 于 2009 年发布的一份名为"Defining the Next-Generation Firewall"的文档，给出了新一代防火墙 NGFW(Next-Generation Firewall)的定义：

**NGFW 是一个线速(Wire-speed)网络安全处理平台，定位于宏观意义的防火墙市场。**
NGFW 在功能上至少应当具备以下五个属性：

- 拥有传统防火墙所提供的所有功能。
- 支持与防火墙自动联动的集成化 IPS。
- 根据识别库进行可视化应用识别、控制。
- 智能防火墙。当防火墙检测到攻击行为时自动添加安全策略。
- 高性能，包括高可用性及可扩展到万兆平台。

新一代防火墙技术即融合了以上五个属性的综合网络安全处理平台。下面以深信服公司(全称为"深信服科技有限公司"，国内领先的网络产品供应商，下文简称深信服公司)的新一代应用防火墙 NGAF(Next-Generation Application Firewall)的功能特点来举例说明，如图 1.7 所示。

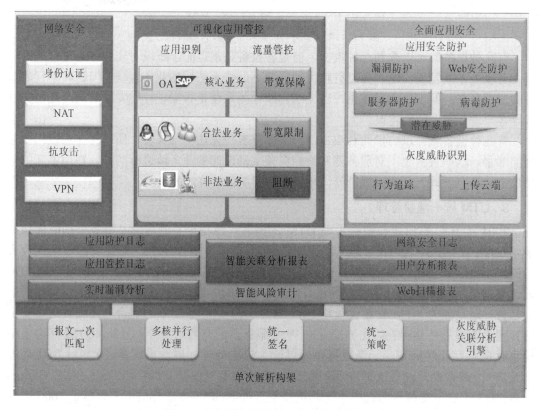

图 1.7　深信服公司的新一代防火墙功能示意图

**1. 可视的网络安全情况**

NGAF 可以根据应用的行为和特征实现对应用的识别和控制，而不仅仅依赖于端口和协议，摆脱了过去只能依靠 IP 地址来控制的缺陷，即使加密过的数据流也能应付自如。NGAF 的应用可视化引擎可能识别 1200 多种应用及其 2700 多种应用动作，还可以与多种认证系统(AD、LDAP、Radius)、应用系统(POP3、SMTP 等)无缝对接。

网络应用、业务和终端安全、智能用户身份识别、用户与应用的访问控制策略、基于用户的流量管理等均实现了可视化。

**2. 强化的应用层攻击防护**

(1) NGAF 基于应用的深度入侵防御。其灰度威胁关联分析引擎具备 4000 多条漏洞特征库、3000 种 Web 应用威胁特征库，可以全面识别各种应用层和内容级别的单一安全威胁。

(2) 强化的 Web 攻击防护。其 Web 攻击防护包括防 SQL 注入攻击、防 XSS 跨站脚本攻击、防 CSRF 攻击等 10 大 Web 安全威胁，并通过了 OWASP 组织进行的产品评级测试，获 4 星级证书。

**3. 独特的双向内容检测技术**

NGAF 具备完整的数据链路层-应用层(L2～L7)的安全防护功能，如网页防篡改、敏感信息防泄漏、应用层协议内容隐藏等功能。

**4. 智能的网络安全防御体系**

NGAF 基于时间周期的安全防护设计提供事前风险评估及策略联动功能。通过端口、服务、应用扫描帮助用户及时发现端口、服务及漏洞风险，并通过模块间智能策略联动及时更新对应的安全风险之安全防护策略的风险评估。

**5. 更高效的应用层处理能力**

为了实现强劲的应用处理能力，NGAF 抛弃了 UTM 多引擎、多次解析的架构，而采用了更为先进的一体化单次解析引擎，将漏洞、病毒、Web 攻击、恶意代码/脚本、URL库等众多应用层威胁统一进行检测匹配，从而提升了工作效率，实现了万兆级的应用安全防护能力。

综上所述，新一代防火墙技术会全面考虑网络安全、操作系统安全、应用程序安全、用户安全以及数据安全五个方面。

本章介绍了防火墙的定义及功能，着重讲解防火墙的基本结构、防火墙的分类，最后通过对传统防火墙方案已不再适应网络的发展的分析，描述了新一代防火墙的定义以及其功能特点。

## ◀◀ 练 习 题 ▶▶

**一、单项选择题**

1. 防火墙主要用于(　　　)。

A. 内部网安全　　　　　　　　　　　B. 因特网安全

C. 边界安全　　　　　　　　　　　　D. 有效的安全

2. 仅依据 IP 地址和源/目的端口处理网络流量的设备通常称为(　　　)。

A. 代理服务器　　　　　　　　　　　B. 包过滤路由器

C. 堡垒主机　　　　　　　　　　　　D. 阻塞点

3. 用户创建了一个小的子网，一端是一台路由器，另一端是一台代理防火墙。此子网内有几台主机，其中包括该公司的 Web、E-mail、DNS 服务器。在路由器的外侧是一个公用网络，在代理防火墙内部是专用网络。该用户创建的这个子网通常被称为(　　　)。

A. 一个堡垒　　　　　　　　　　　　B. 一个 DMZ

C. 防火墙　　　　　　　　　　　　　D. 一个电路级代理

4. 需要一个防火墙来验证用户的身份，可以选用(　　　)。

A. 包过滤防火墙　　　　　　　　　　B. 堡垒主机防火墙

C. iptables 防火墙　　　　　　　　　D. 代理防火墙

5. 用户正在使用的 IP 地址块为 192.168.0.0/24。(　　　)允许用户的客户机访问因特网上的 Web 服务器。

A. 堡垒主机　　　　　　　　　　　　B. 代理服务器

C. 阻塞路由器　　　　　　　　　　　D. 屏蔽路由器

6. 需要阻塞哪个源和目标端口的连接，以使内部网络的主机不能访问因特网上的 Web 服务器？(　　　)

A. 连接外部主机，目的端口低于 1024　　B. 连接外部主机，源端口为 80

C. 连接内部主机，目的端口高于 1023　　D. 连接外部主机，目的端口为 80

7. 在网络边界上，(　　　)通常需要较少的规则。

A. 代理防火墙　　　　　　　　　　　B. 包过滤防火墙

C. 路由器　　　　　　　　　　　　　D. 交换机

8. 一个防火墙缺省设置是除了来自端口 110 的数据包之外其他的均被丢弃，那么当一个 SMTP 数据包到达该防火墙时，(　　　)。

A. 数据包被丢弃　　　　　　　　　　B. 该数据包被接收

C. 防火墙转发数据包　　D. 防火墙记录数据包

9. (　　　)是屏蔽路由器。

A. 只有一个网络接口的防火墙设备，有两面暴露在公众网络的路由器

B. 实现过滤功能，有一个接口暴露在公众网络的路由器

C. 实现 NAT 的单宿主堡垒主机

D. 实现 NAT 的双宿主堡垒主机

10. (　　　)是单宿主堡垒主机。

A. 只有一个网络接口的防火墙设备

B. 至少有两个网络接口的防火墙设备

C. 部署在内部网络的一个标准的堡垒主机

D. 作为一个代理服务器的防火墙设备

11. (　　)是内部堡垒主机。

A. 只有一个网络接口的防火墙设备

B. 部署在网络外部的单或多宿主堡垒主机

C. 部署在网络内部的单或多宿主堡垒主机

D. 作为一个代理服务器的防火墙设备

12. 对于以下四种防火墙的实现方案，(　　)是最安全的。

A. 屏蔽路由器　　　　　　　　　　B. 单宿主堡垒主机

C. 双宿主堡垒主机　　　　　　　　D. 屏蔽子网

13. 最简单的同时又是最常见的防火墙设计是(　　)。

A. 一个屏蔽子网　　　　　　　　　B. 一个屏蔽路由器

C. 双宿主堡垒主机　　　　　　　　D. 一个单宿主堡垒主机

14. 黑客对于(　　)防火墙类型需要击败至少三个不同的系统才可入侵网络。

A. 双宿主堡垒主机　　　　　　　　B. 三宿主堡垒主机

C. 屏蔽子网防火墙　　　　　　　　D. 电路级网关

**二、简答题**

1. 什么是防火墙？防火墙有哪些功能？

2. 防火墙有哪些主要体系结构？请选择一个画图表示。

**三、撰写读书报告**

阅读相关文献，了解各个防火墙厂商提出的新一代防火墙产品的共性和功能特点。谈谈随着安全需求的新发展，防火墙应当具有的新功能和新特性。

# Chapter 2

# 第 2 章　防火墙常用技术

◆ 学习目标：

➷ 掌握包过滤技术；

➷ 掌握网络地址翻译技术；

➷ 理解网络代理技术；

➷ 掌握 VPN 的概念、功能；

➷ 了解 VPN 的分类；

➷ 理解 VPN 隧道技术及相关协议；

➷ 理解加密技术和密钥的概念；

➷ 理解数字签名、数字证书的概念及原理。

◆ 本章重点：

➷ 包过滤技术；

➷ 网络地址转换技术；

➷ 网络代理技术；

➷ VPN 技术。

◆ 本章难点：

➷ VPN 隧道技术及相关协议。

◆ 建议学时数：6 学时

上一章我们介绍了防火墙的一些基础知识，相信读者对防火墙已有了一定的认识。本章我们将通过对防火墙的主要技术的介绍，来进一步从原理上认识防火墙。防火墙中应用到的技术主要有包过滤技术、网络地址翻译技术、网络代理技术、虚拟专用网络。

## 2.1　包过滤技术

包过滤又称"报文过滤"，它是防火墙最早应用的、最基本的过滤技术。包过滤技术就是对通信过程中的数据进行过滤(又称筛选),使符合事先规定的安全规则(或称"安全策略")的数据包通过,而丢弃那些不符合安全规则的数据包。

## 2.1.1 包过滤的原理

包过滤防火墙工作在网络层和传输层,它是根据数据包中包头部分所包含的源 IP 地址、目的 IP 地址、协议类型(TCP 包、UDP 包、ICMP 包)、源端口、目的端口及数据包传递方向等信息,判断该数据包是否符合安全规则,以此来确定该数据包是否允许通过。

包过滤防火墙的关键问题是如何检查数据包,以及检查到什么程度才能既保障安全又不会对通信的速度产生明显的影响。理论上可以对协议报头部分的任何数据域进行分析和过滤,但实际应用中,大多数包过滤型防火墙只是针对性地分析数据包信息头的部分域。以 TCP/IP 为例,包过滤技术一般只针对 IP 包头中的总长度、标志、协议类型、源 IP 地址、目的 IP 地址部分进行分析和过滤;而 TCP 包头一般只针对源端口、目的端口、标志位进行分析和过滤。

## 2.1.2 包过滤规则表

包过滤规则表定义了什么包可以通过防火墙,什么包必须丢弃,这些规则通常称为数据包过滤访问控制列表(ACL)。

当数据流进入包过滤防火墙后,防火墙检查数据包的相关信息,开始从上至下逐条扫描过滤规则,如果匹配成功则按照规则设定的动作(允许或拒绝)执行,不再匹配后续规则。所以,在访问控制列表中规则的出现顺序至关重要。ACL 规则表如表 2-1 所示。

表 2-1 ACL 规则表举例

| 序号 | 源 IP | 目的 IP | 协议 | 源端口 | 目的端口 | 标志位 | 操作 |
|---|---|---|---|---|---|---|---|
| 1 | 私网地址 | 公网地址 | TCP | 任意 | 80 | 任意 | 允许 |
| 2 | 公网地址 | 私网地址 | TCP | 80 | >1023 | ACK | 允许 |
| 3 | any | any | any | any | any | any | 拒绝 |

表 2-1 中包含了以下内容:
- 规则执行的顺序;
- 源 IP 地址;
- 目的 IP 地址;
- 协议类型,如 TCP、UDP、ICMP、IGMP 等;
- 源端口;
- 目的端口;
- TCP 包头的标志位,如 ACK、SYN、FIN、RST;
- 数据的流向,即进或出;
- 对数据包的操作,即允许或拒绝。

一般地,包过滤防火墙规则中还应该阻止如下几种 IP 报文进入内部网,同时还应阻止某些类型的内部网数据包进入外部网,特别是那些用于建立局域网和提供内部网通信服务的各种协议数据包，如下所列：

- 源地址是内部地址的外来数据包。
- 指定中转路由器的数据包。
- 有效载荷很小的数据包。

### 2.1.3　包过滤技术的优缺点分析

**1. 包过滤防火墙的优点**

(1) 处理速度快，效率高。

(2) 对安全要求低的网络利用路由器的防火墙功能即可实现包过滤，无需添加其他设备。

(3) 包过滤对于用户层来说是透明的，用户的应用层不受影响。

**2. 包过滤防火墙的缺点**

(1) 无法阻止 IP 欺骗，黑客可以在网络上伪造 IP 地址、路由信息等欺骗防火墙。

(2) 对路由器中过滤规则的设置和配置十分复杂，涉及规则的逻辑一致性、作用端口的有效性和规则集的正确性，一般的网络管理员难于胜任，而且一旦出现新的协议，管理员需要加上更多的规则去限制。

(3) 不支持应用层协议，无法发现应用层的攻击，如各种恶意代码的攻击。

(4) 不支持用户认证，只判断数据包来自哪台机器，不判断来自哪个用户。

(5) 由于缺少上下文关联信息，不能有效地过滤如 UDP、RPC、Telnet 一类的协议以及处理动态端口连接。

下面我们以一个简单的例子来说明包过滤防火墙不能很好地处理动态端口的连接情况。

**【例 2-1】**　假设通过部署包过滤防火墙将内部网络和外网分隔开，配置过滤规则，仅开通内部主机对外部 Web 服务器的访问，并分析包过滤规则表存在的问题。

过滤规则表如表 2-1。Web 通信涉及客户端和服务端，由于服务端将 Web 服务的端口固定在 80 端口上，但客户端的端口却是动态分配的，即预先不能确定客户端用哪个端口进行通信，这种情况称为动态商品连接。在这种情况下，包过滤只能将客户端动态分配端口的区域(1024～65 535)全部打开，才能满足正常通信的需要，而不能依据每一个连接的情况，开放实际使用的端口。

包过滤防火墙无论是对待有连接的 TCP 还是无连接的 UDP，它都以单个数据包进行处理，对数据传输的状态并不关心，因而传统包过滤又称为无状态包过滤，对应用层的网络入侵无能为力。

**【例 2-2】**　包过滤防火墙对于 TCP ACK 隐蔽扫描的处理分析。

如图 2-1 所示，外部的攻击机可以在没有 TCP 三次握手的前两步的情况下，发送一个具有 ACK 位的初始数据包，这样的数据包违反了 TCP 三次握手原则，因为初始数据包必须有 SYN 位。但是因为包过滤防火墙没有状态的概念，防火墙将认为这个包是已建立连接的一部分，并让它通过(当然，如果根据表 2-1 的过滤规则，ACK 置位，但目的端口小于等于 1203 的数据包将被丢弃)，当这个伪装的数据包到达内网的某个主机时，主机将意识到

有问题，因为这个包不是任何已建立连接的一部分。若目标端口开放，目标主机将返回 RST
信息，并期望该 RST 包能通过发送者(即攻击机)终止本次连接。这个过程看起来是无害的，
但它却使攻击者通过防火墙对内网主机开放的端口进行扫描，这个技术称为 TCP 的 ACK
扫描。

图 2.1 中示意的 TCP ACK 扫描，攻击者穿越了防火墙进行探测，并且获知端口 1204
是开放的。为了阻止这样的攻击，防火墙需要记住已经存在的 TCP 连接，这样它将知道
ACK 扫描是非法连接的一部分。

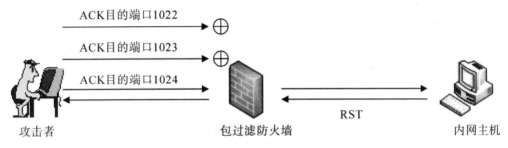

图 2.1　TCP ACK 扫描穿越包过滤防火墙

## 2.2　网络地址翻译技术

### 2.2.1　NAT 的概念

网络地址转换(Network Address Translation，NAT)，也称 IP 地址伪装技术(IP Masquerading)
屏蔽路由器防火墙。最初设计 NAT 的目的是为了减缓 IP 地址短缺的问题，才让所有内部
网络使用私有地址，而所有在公网上的网络设备必须拥有公网地址，当内部网络要访问公
网时，必须得将私有 IP 地址映射到公网(合法的因特网 IP 地址)，这就是 NAT 技术。

NAT 技术并非专为防火墙而设计，其显著的优点是节约了公网 IP 地址，同时，NAT
对内部网络有隐藏作用，正是因为这个原因，我们至今还能使用 IPv4。

NAT 技术根据实现方法的不同，可分为静态 NAT 和动态 NAT。

### 2.2.2　静态 NAT 技术

静态 NAT 技术是为了在内网地址和公网地址之间建立一对一映射关系而设计的。静
态 NAT 需要内网中的每台主机都拥有一个真实的公网 IP 地址。NAT 网关依赖于指定的内
网地址到公网地址之间的映射关系来运行。

【例 2-3】　分析静态 NAT 过程。

如图 2.2 所示，静态 NAT 过程如下：

(1) 内网主机 10.1.1.10 建立一条到外部主机 202.119.104.10 的会话连接。数据包首先
到达网关 202.119.104.10。

(2) 防火墙收到此数据包，检查目的地址为公网地址。由于在防火墙上做了 NAT 配置，
故会触发建立 NAT 地址映射表，将私网地址 10.1.1.10 对应公网地址 209.165.201.1，并转

发该数据包。

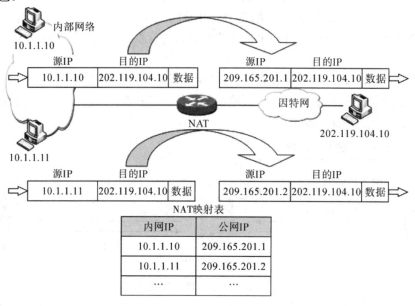

图 2.2　静态 NAT 原理图

(3) 外部主机 202.119.104.10 收到来自 209.165.201.1 的数据包后进行应答。应答包的源 IP 为 202.119.104.10，目的 IP 为 209.165.201.1。

(4) 防火墙收到这个报文后又依据 NAT 映射表，将 209.165.201.1 映射成私网 IP 地址 10.1.1.10，并将此数据包转发到主机 10.1.1.10 上，完成数据包的转换过程。

主机 10.1.1.11 访问公网上主机的过程同理，只是 10.1.1.11 私有地址将被防火墙一一映射到地址池中的另一个公网 IP 地址 209.165.201.2 上。

### 2.2.3　动态 NAT 技术

动态 NAT 技术是指，将一组内网 IP 地址动态映射为公网 IP 地址池中的一个或多个地址，如图 2.3 所示，图中 5 个私网主机对应 3 个公网 IP 地址。动态 NAT 不必像使用静态 NAT 那样进行一对一的映射。动态 NAT 的映射表对网络管理员和用户透明。

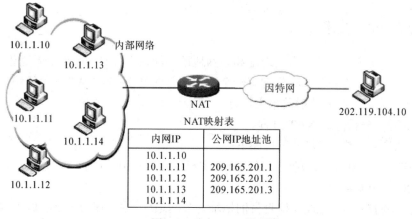

图 2.3　动态 NAT 原理图

使用 NAT 技术后，公网上的主机不能访问私网上的计算机。这对私网主机起到隐蔽的作用。

端口地址转换 PAT 是动态 NAT 的一种形式，被广泛应用于各企事业单位。它将多个私网 IP 地址映射成 1 个公网 IP 地址。本质上讲网络地址映射并不是简单的 IP 地址之间的映射，而是网络套接字(IP 地址和端口号共同组成)的映射。当多个私网 IP 地址映射到同一个公网 IP 地址时，可以通过不同的端口号来区分它们，这种技术被称为复用，大大节约了 IP 地址，同时也隐藏了内部网络拓扑结构。

【例 2-4】　分析端口地址转换 PAT 过程。

PAT 原理如图 2.4 所示。

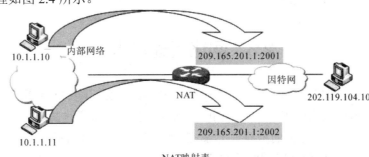

NAT 映射表

| 协议 | 内网IP：端口 | 公网IP：端口 | 外部主机IP：端口 |
| --- | --- | --- | --- |
| TCP | 10.1.1.10:3001 | 209.165.201.1:2001 | 202.119.104.10:80 |
| TCP | 10.1.1.11:4003 | 209.165.201.1:2002 | 202.119.104.10:25 |
| … | … | … | … |

图 2.4　PAT 原理图

端口地址转换 PAT 的过程如下：

(1) 内网主机 10.1.1.10 建立一条到外部主机 202.119.104.10 的会话连接。数据包首先到达网关 202.119.104.10。

(2) 防火墙收到此数据包，检查目的地址发现为公网地址，由于在防火墙上做了 NAT 配置，故会触发建立 NAT 地址映射表，将私网地址 10.1.1.10:3001 映射到公网 209.165.201.1:2001，并记录会话状态。

(3) 防火墙建立 NAT 映射后转发该数据包。

(4) 外部主机 202.119.104.10 收到来自 209.165.201.1 的数据包后进行应答。应答包的源 IP 为 202.119.104.10:80，目的 IP 为 209.165.201.1:2001。

(5) 防火墙收到这个报文后又依据 NAT 映射表，将 209.165.201.1:2001 映射成私网 IP 地址 10.1.1.10:3001，并将数据包再转发到主机 10.1.1.10 上，完成数据包的转换过程。

主机 10.1.1.11 访问公网上主机的过程同理，只是端口号发生了改变。

## 2.2.4　NAT 技术优缺点分析

### 1. NAT 技术的优点

(1) 节省了公网 IP 地址；

(2) 隐蔽了内部网络，使内部网络安全性提高。

**2．NAT 技术的缺点**

(1) 一些应用层协议的工作特点导致了它们无法使用 NAT 技术。当端口改变时，有些协议不能正确执行它们的功能。

(2) 静态和动态 NAT 存在安全问题。

(3) 难以应对内部主机的引诱和特洛伊木马攻击。通过动态 NAT 可以使得黑客难以了解网络内部结构，但是无法阻止内部用户主动连接黑客主机。如果内部主机被引诱连接到一个恶意外部主机上，或者连接到一个已被黑客安装了木马的外部主机上，内部主机将完全暴露，就像没有防火墙一样容易被攻击。

(4) 存在状态表超时问题。

# 2.3　网络代理技术

由于包过滤防火墙存在的不足，在包过滤技术存在不久，就有专家开始寻找更好的防火墙安全机制。他们认为真正可靠安全的防火墙应该禁止所有通过防火墙的直接连接——在协议栈的最高层检查所有的数据。这就是第一代 DarpA(Defense Advanced Research Projects Agency)开发研究的"应用级代理"防火墙。

代理技术与包过滤技术完全不同，代理防火墙不再围绕数据包，而是着重于应用级，分析经过它们的应用数据，决定是转发还是丢弃。

代理服务分为应用层代理和传输层代理两种。

## 2.3.1　应用层代理

应用层代理也称为应用层网关(Application Gateway)技术，它工作在 OSI 模型的最高层——应用层。应用层代理技术不再依赖包过滤工具来管理进出防火墙的数据流，而是通过对每一种应用服务编制专门的代理程序来实现监视和控制应用层信息流的作用。通常可以使用应用层代理的服务有 HTTP、HTTP/SSL、FTP、SMTP、POP3、Telnet 等，使得内网用户可以安全地浏览网页、收发邮件和进行远程登录等。

客户机与代理服务器交互、代理服务器代表客户机与服务器交互的应用原理图如图 2.5 所示。

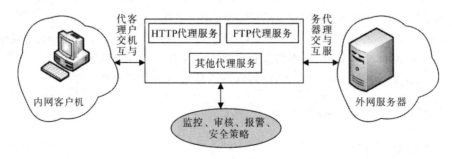

图 2.5　应用层代理防火墙原理图

图 2.5 中的代理服务器包括代理服务器端程序和代理客户端程序两部分。代理服务器

实际承担着客户机和服务器的双重角色，在客户机和服务器之间传递的所有数据均由应用代理程序转发，因此应用代理程序完全控制了会话过程，并按需要进行详细记录。

基于代理的防火墙没有传统的包过滤防火墙遇到的 ACK 攻击扫描问题。因为 ACK 不是有意义的应用请求的一部分，它将被代理丢弃。应用层代理可以梳理应用级协议，以确保所有交换都严格遵守协议集。例如，一个 Web 代理可以确保所有消息都是正确格式的 HTTP，而不是仅仅检查确保它们是前往目标 TCP 端口 80。代理服务器可以允许或拒绝应用级功能，如，代理服务器可以允许 FTP GET 功能而不允许 FTP PUT 功能，用户即使可以下载也不能将文件上传到服务器。

### 2.3.2　应用层网关优缺点分析

**1. 应用层网关的优点**

(1) 应用层网关有能力支持可靠的用户认证并提供详细的注册信息。

(2) 用于应用层的过滤规则相对于包过滤防火墙来说更容易配置和测试。

(3) 代理工作在客户机和真实服务器之间，完全控制会话，所以可以提供很详细的日志和安全审计功能。

(4) 提供代理服务的防火墙可以被配置成唯一的可被外部看见的主机，这样可以隐藏内部网的 IP 地址，可以保护内部主机免受外部主机的进攻。

(5) 通过代理访问因特网可以解决合法 IP 地址不够用的问题，因为因特网所见到的只是代理服务器的地址，内部的 IP 则通过代理可以访问因特网。

**2. 应用层网关的缺点**

(1) 在代理型防火墙技术的发展过程中，也经历了两个不同的版本，即第一代应用代理网关防火墙和第二代自适应代理防火墙。当用户对内外网络网关的吞吐量要求比较高时，代理防火墙就会成为内外网络之间的瓶颈。

(2) 有限的连接性。

(3) 有限的应用技术。

### 2.3.3　传输层代理

传输层代理(SOCKS)解决了应用层代理的一种代理只能针对一种应用的缺陷。

SOCKS 代理通常也包含两个组件：SOCKS 服务端和 SOCKS 客户端。SOCKS 代理技术以类似于 NAT 的方式对内外网的通信连接进行转换，与普通代理不同的是，服务端实现在应用层，客户端实现在应用层和传输层之间。SOCKS 能够实现 SOCKS 服务端两侧的主机间互访，而无需直接的 IP 连通性作前提。SOCKS 代理对高层应用来说是透明的，即无论何种具体应用都可以通过 SOCKS 来提供代理。

## 2.4　虚拟专用网络

现代企业的发展对网络提出了越来越高的要求，而采用传统的路由交换和广域网技术构建企业网络时，网络将面临路由设计、地址规划、安全保护、成本等诸多挑战。因此，VPN(Virtual Private Network，虚拟专用网)技术应运而生。

## 2.4.1　什么是 VPN

### 1. VPN 的定义

本书按照国家标准 GB/T 25068.5—2010/ISO/IEC 18028—5:2006《信息技术　安全技术：IT 网络安全　第 5 部分：使用虚拟专用网的跨网通信安全保护》中的定义如下：

VPN 提供一种在现有网络或点对点连接上建立一至多条安全数据信道的机制。它是只分配给受限的用户组独占使用，并能在需要时动态地建立和撤销的私有专用网络。一个典型的 VPN 应用如图 2.6 所示。

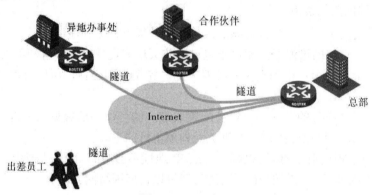

图 2.6　VPN 应用

图 2.6 是基于公共网络基础上构建的企业 VPN，它就像是企业现有私有网络一样提供安全性、可靠性和可管理性。

RFC2764 描述了基于 IP 的 VPN 体系结构。利用基于 IP 的 Internet 实现 VPN 的核心是各种隧道(Tunnel)技术。通过隧道，企业私有数据可以跨越公共网络安全地传递。VPN 利用公共网络建立虚拟的隧道，在远端用户、驻外机构、合作伙伴、公司总部与分部间建立广域网连接，既保证了连通性又保证了安全性。

### 2. VPN 的功能

一个虚拟专用网络至少应该能提供如下功能：

(1) 数据加密。保证通过公共网络传输的数据即使被他人截获也不至于泄露信息。

(2) 信息认证和身份认证。保证信息的完整性、合法性和信息来源的可靠性(不可抵赖性)。

(3) 访问控制。不同的用户应该分别具有不同的访问权限。

随着虚拟专用网络技术的发展，出现了多种虚拟专用网络解决方案，对于管理人员来说，选择一个合适的方案往往很困难，因为每一种方案都提供了相似但又不完全相同的安全性、可用性，且各有优缺点。为了选择合适的安全方案，决策者应首先明确安全需求，以利于选择用哪种方案更加完善。

另外，一个组织的网络安全不仅仅依赖于 VPN，通常还需要路由器、代理服务器以及网络软件及硬件的组合。

### 3. VPN 安全要求

- 防护网络中的和与网络相连的系统中的信息以及它们所使用的服务。
- 保护支撑网络基础设施。
- 保护网络管理系统。

为此，如图 2.7 所示，VPN 实施中需要确保以下安全要求：

- 在 VPN 端点之间传输的数据和代码的保密性、完整性和可用性。
- VPN 用户和管理员的真实性、有授权。
- VPN 端点和网络基础设施的可用性。

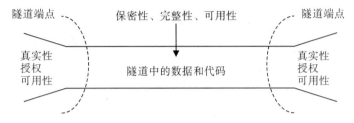

图 2.7　VPN 安全要求

### 4. VPN 的优势

- 可以快速构建网络，降低部署周期。
- 与私有网络一样提供安全性、可靠性和可管理性。
- 可利用 Internet，实现无处不连通，处处可接入。
- 简化用户侧的配置和维护工作。
- 提高基础资源的利用率。
- 节约用户的开销。
- 运营商可大量利用基础设施，提供大量、多种业务。

## 2.4.2　VPN 的分类

VPN(虚拟专用网络)技术所涉及的具体技术内容庞杂、种类繁多。依据不同的划分标准可将 VPN 划分为不同的类型。

(1) 按业务用途划分，可分为远程访问 VPN(Access VPN)、企业内部 VPN(Intranet VPN)、企业外部 VPN(Extranet VPN)。

(2) 按运营模式划分，可分为基于用户前端设备的 VPN(CPE-based VPN)、基于运营端端口配置的 VPN(Network-Based VPN)。

(3) 按组网模型划分，可分为 VPDN(Virtual Private Dial Networks，虚拟私有拨号网络)、VPRN(Virtual Private Routed Networks，虚拟私有路由网络)、VLL(Virtual Leased Lines，虚拟专线)、VPLS(Virtual Private LAN Segment，虚拟私有 LAN 服务)。

(4) 按网络层次划分，可分为 Layer-2 VPN、Layer-3 VPN。

## 2.4.3　VPN 隧道技术及相关协议概述

隧道是利用一种协议来封装传输另外一种协议的技术。简单而言就是：原始数据报文在 A 地进行封装，到达 B 地后再把封装去掉，还原成原始数据报文，这样就形成了一条由 A 到 B 的通信"隧道"。

一个隧道协议通常包含三方面内容，从高层到底层分别是载荷协议、隧道协议、承载协议。为了帮助大家理解，先看下面一个例子：

【例 2-5】　在图 2.8 所示的网络中，支持协议 B 的两个网络之间没有直接与广域网连接，而是通过一个协议 A 的网络互连，但它们仍然需要互相通信。

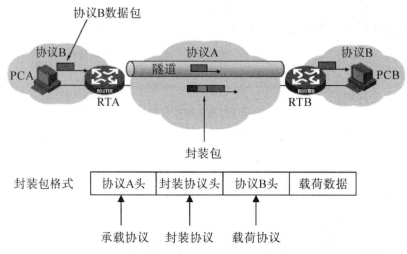

图 2.8　载荷协议、封装协议与承载协议之间的关系

直接在协议 A 网络上传递协议 B 的包肯定是不行的，因为协议 A 不能识别协议 B 的数据包，所以需要使用 VPN 技术。实现 VPN 通常都需要使用某种类型的隧道机制。PCA 和 PCB 的通信需要通过隧道技术跨越协议 A 网络进行。

PCA 对 PCB 发送数据包必须经过以下过程：

(1) 首先 PCA 发送协议 B 的数据包。

(2) 数据包到达隧道端点设备 RTA，RTA 将其封装成协议 A 的数据包，通过协议 A 网络发送到隧道的另一端设备 RTB。

(3) 隧道终点设备将协议 A 的数据包解开，获得协议 B 的数据包，再将其发送给 PCB。

在这种情况下，协议 A 称为承载协议(Delivery Protocol)，协议 A 的包称为承载协议包(Delivery Protocol Packet)；协议 B 称为载荷协议(Payload Protocol)，协议 B 的包称为载荷协议包(Payload Protocol Packet)，而决定如何实现隧道的协议称为隧道协议(Tunnel Protocol)。

为了便于标识承载协议包中封装了载荷协议包，往往需要在承载协议头和载荷协议头之间加入一个新的协议头，这个协议称为封装协议(Encapsulation Protocol)，经过封装协议封装的包称为封装协议包(Encapsulation Protocol Packet)。

通过以上例子的理解，我们对载荷协议、承载协议、隧道协议总结如下：

· 载荷协议：即被封装的协议，如 PPP(Point to Point)、SLIP 等。

· 隧道协议：用于隧道的建立、维护和断开，把载荷协议当成自己的数据来传输，如 L2TP、IPSec 等。

· 承载协议：用于传输经过隧道协议封装后的数据分组，把隧道协议当成自己的数据来传输，如 IP、ATM、以太网等。

隧道协议又分为二层隧道协议、三层隧道协议、高层隧道协议。不同隧道协议的区别在于用户数据在网络协议栈的第几层封装。

## 2.4.4　主要的 VPN 技术

在当前网络高速发展的环境中，VPN 技术已得到普遍应用，具有一定代表性的 VPN 主要包括以下几种：

### 1. 二层 VPN 技术

1) 点对点隧道协议(Point-to-Point Tunneling Protocol，PPTP)

PPTP 由微软、朗讯、3COM 等公司支持，并在 Windows NT 4.0 以上版本中支持。该协议支持 PPP 协议在 IP 网络上的隧道封装。PPTP 作为一个呼叫控制和管理协议，使用一种增强的 GRE 技术为传输 PPP 报文提供流控和拥塞控制的封装服务。

PPTP 在实际应用中存在着较大的安全隐患，有研究表明，其安全性比 PPP 还低。

2) 二层隧道协议(Layer 2 Tunneling Protocol，L2TP)

L2TP 由 IETF 起草，微软等公司参与，结合了 PPTP 的优点，为众多公司所接受，并且已成为标准的 RFC。L2TP 即可用于实现拨号 VPN 业务，也可用于专线业务。

3) 多协议标签交换二层 VPN(MPLS　L2 VPN)

在多协议标签交换基础上发展出了多种二层 VPN 技术，如 Martini 和 Kompella，CCC(Circuit Cross Connect，电路交叉连接)实现的 VLL(Virtual Leased Lines，虚拟专线)以及 VPLS(Virtual Private LAN Segment，虚拟私有 LAN 服务)方式的 VPN 等。

### 2. 三层 VPN 技术

1) GRE(Generic Routing Encapsulation，通用路由封装)

GRE 是为了在任一种协议中封装任意一种其他协议而设计的封装方法。GRE 封装并不要求任何一种对应的 VPN 协议和实现，任何一种 VPN 体系均可以选择 GRE 用于 VPN 隧道。

2) IP 安全(IP Security，IPSec)

IPSec 不是一个单独的协议，它是一个协议集，给出了 IP 网络上数据安全的整套体系结构，这些协议包括 AH(Authentication Header)、ESP(Encapsulation Security Payload)、IKE(Internet Key Exchange)等，它可以实现对数据的私密性、完整性保护和对数据源的验证。

3) 多协议 BGP VPN(BGP/ MPLS VPN)

BGP/MPLS VPN 是利用 MPLS 和 MP-BGP(即 Multi-Procool BGP，多协议 BGP)技术实现的三层 VPN。它不但实现了网络控制平面与转发平面相分离，核心网络路由与客户网络路由的分离，IP 地址空间相隔离等，而且具有良好的灵活性、可维护性和可扩展性。

### 3. 高层 VPN 技术

高层 VPN 技术有安全套接字层(Secure Sockets Layer，SSL)、因特网密钥交换(Internet Key Exchange，IKE)等。

### 2.4.5　IPSec 基础

#### 1. IPSec 的概念

IPSec 是一种开放标准的框架结构，特定的通信方之间在 IP 层通过加密和数据摘要(hash)等手段，来保证数据包在 Internet 网上传输时的私密性(confidentiality)、完整性(data integrity)和真实性(origin authentication)。

IPSec 只能工作在 IP 层，要求载荷协议和承载协议都是 IP 协议，如图 2.9 所示。

图 2.9　IPSec 协议要求

#### 2. IPSec 通过加密保证数据的私密性

1) 数据加解密

数据加密的基本过程就是对原来为明文的文件和数据按某种算法进行处理，使其成为一段不可读的代码；而解密过程是利用密钥对密文进行转换将其变成明文的过程。如图 2.10 所示。

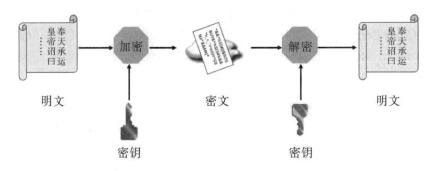

图 2.10　数据的加解密过程

未加密的数据称为"明文"，加密后的数据称为"密文"，将数据从明文转换为密文的过程称为"加密"，反之则称为"解密"。

数据的机密性由加密算法提供。在明文与密文间相互转换的过程中，除了加密算法外，还需要一个加解密的参数，称为密钥。

加密算法分为对称加密算法和非对称加密算法两种。

2) 对称密钥加密

如果加密密钥与解密密钥相同，就称为对称加密。由于对称加密的运算速度快，所以IPSec 使用对称加密算法来加密数据。对称加解密算法如图 2.11 所示。

在图 2.11 中，发送方将明文和密钥作为加密算法的输入参数计算得出密文，并将该密文发送给接收方。接收方收到该密文后，将该密文和密钥作为解密算法的输入参数即可计算得出原始的明文。

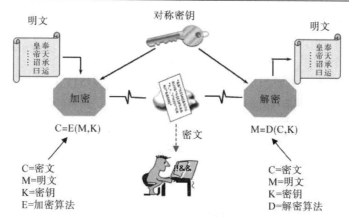

图 2.11　对称密钥加解密过程

由于任何人拥有这个共享密钥均可对密文进行解密，因此，对称加密算法的安全性很大程度上取决于密钥本身的安全性，且数据传送前必须先交换共享密钥。

常用的对称加密算法有 DES、3DES、RC4 和 AES，如表 2-2 所示。

表 2-2　对称密钥典型算法

| 算　法 | 密钥 | 开发者 | 备　注 |
|---|---|---|---|
| 数据加密标准 DES | 56 位 | IBM 为美国政府(NBS/NIST)开发 | 很多政府强制性使用 |
| 3DES | 3×56 位 | IBM 为美国政府(NBS/NIST)开发 | 应用三次 DES |
| RC4 | | Ron Rivest(RSA 数据安全) | |
| AES | | Joan Daemen/Vincent Rijmen | |

数字加密标准(DES)应用范围很广，3DE 又称为三重数字加密算法，是 DES 的加强算法，密钥长度达 168 位。

RC4 是由 Ron　Rivest 在 1987 年设计的，该算法是用变长密钥对大量数据进行加密，比 DES 算法快。

AES 是美国联邦政府采用的一种加密标准，用来代替原先的 DES，已被多方分析且广为全世界使用，目前已成为对称加密算法中最流行的算法之一。

3) 非对称密钥加密

非对称密钥算法也称为公开密钥算法。此类算法为每个用户分配一对密钥，即一个公钥、一个私钥。

用两个密钥之一加密的数据，只有用另外一个密钥才能解密。发送方发送数据时，可以用接收方的公钥对数据进行加密，接收方收到加密数据后，用其私钥进行解密。此过程如图 2.12 所示。

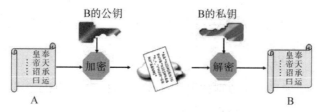

图 2.12　非对称密钥加解密过程

非对称加密算法加解密过程如下：

- 用户 B 拥有两个对应的密钥；
- 用其中一个加密，只有另一个能够解密，两者一一对应；
- 用户 B 将其中一个密钥私下保存(私钥)，另一个公开发布(公钥)；
- 公钥和私钥不可相互推算；
- 如果 A 想发送秘密信息给 B，A 需获得 B 的公钥；
- A 使用该公钥加密信息然后发送信息给 B；
- B 使用自己的私钥解密信息。

使用非对称加密算法时，用户不用记忆大量的共享密钥，只需要知道自己的密钥和对方的公开密钥即可。非对称密钥在降低管理公钥的复杂性方面具有较大的优势。

非对称加密算法的弱点是速度非常慢，吞吐量低，不适宜对大量数据进行加密。常用的非对称加密算法如表 2-3 所示。

表 2-3　非对称加密算法

| 算法 | 设计者 | 用途 | 安全性 |
|---|---|---|---|
| RSA | RSA 数据安全 | 加密数字签名、密钥交换 | 大数分解 |
| DSA | NSA | 数字签名 | 离散对数 |
| DH | Diffie&Hellman | 密钥交换 | 完全向前保密 |

以上算法中，RSA 算法是第一个能同时用于加密和数字签名的算法，也容易理解和操作，RSA 是研究最为广泛的公钥算法，经历了各种攻击的考验，业界普遍认为 RSA 是目前最优秀的公钥方案之一。

DH 算法一般用于不对称加密算法传送对称密钥的场合。

### 3. IPSec 通过对数据进行 HASH 运算来保证数据的完整性

数据的完整性是指数据没有被非法篡改。

为保证数据的完整性，通常采用摘要算法(HASH)。采用 HASH 函数对不同长度的数据进行 HASH 运算会得到固定长度的结果，这个数据称为原数据的摘要，也称为消息验证码(Message Authentication Code，MAC)。摘要包含了原始数据的特征，如果该数据稍有变化，就会导致最后计算的摘要不同。另外，HASH 函数具有单向性，即无法依据结果导出原始输入，因此，无法构造一个与原报文相同的摘要报文。摘要算法如图 2.13 所示。

摘要算法的特点如下：

- 摘要算法可验证数据的完整性；
- HASH 函数计算结果称为摘要，同一算法，不管输入长度为多少，其结果是定长的；
- 摘要结果具有单向性和不可逆性；
- 不同的内容其摘要不同。

因此，图 2.13 中，如果原始数据被黑客篡改，其 HASH 的摘要结果与原始数据的摘要结果就不同，接收方会立即发现数据被更改，从而确保了数据的完整性。

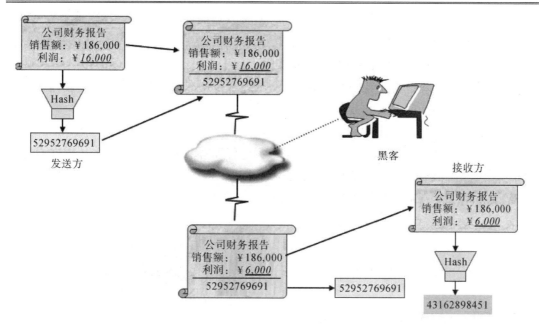

图 2.13　摘要算法

图 2.13 中，如果黑客在篡改了原始数据的同时，也将截获到的摘要信息修改为篡改后的数据产生的摘要，这样接收方就不能发现数据在传送过程中被篡改了。因此，为了进一步提高数据传输的安全性，对原始单输入的 HASH 算法改进为 HMAC 算法的方案便应运而生，如图 2.14 所示。

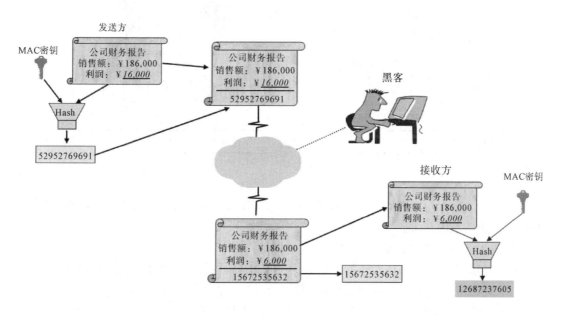

图 2.14　HMAC 算法

HMAC(Hash Message Authentication Code)需要收发双方共享一个 MAC 密钥，计算摘要时，除了数据摘要外，还需要提供 MAC 密钥。

图 2.14 中，如果黑客截获了报文，修改了报文内容，伪造了摘要，由于不知道 MAC

密钥，黑客无法造出正确的摘要，接收方重新计算发现摘要时，一定会发现报文的 MAC 与携带的 MAC 码是不一致的。

**4. IPSec 通过身份认证保证数据的真实性**

真实性是指数据确实由特定的对端发出。通过身份认证可以保证数据的真实性。常用的身份认证方式为数字签名和数字证书。

1) 数字签名

数字签名是指使用密码算法对要发送的数据进行加密，生成一段信息，附着在原文上一起发送，这段信息类似于现实中的签名或印章，接收方对其进行验证，判断原文的真伪。数字签名是非对称算法的典型应用。

数字签名的过程如图 2.15 所示。

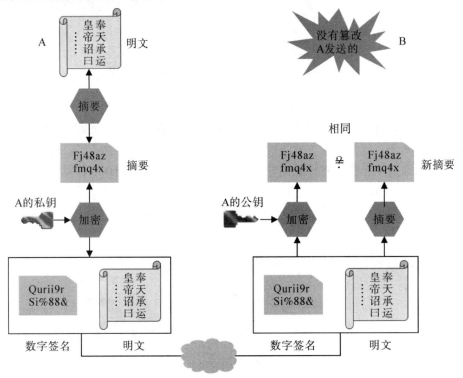

图 2.15 数字签名

数字签名是在网络虚拟环境中确认身份的重要技术,完全可以代替现实中的真实签名,在技术及法律上均有保证。

从图 2.15 中可以看出数字签名过程是这样的:

(1) 发送方 A 首先将待发送的原始数据进行 Hash，得到该原始数据的 MAC 值；

(2) 发送方 A 将自己的私钥对 MAC 值进行加密，得到一个密文串；

(3) 发送方将该密文串附在原始报文后面一起发送给 B；

(4) 接收方 B 收到该报文后，也对原始报文内容进行 Hash，得到一个 MAC 值；

(5) 然后 B 用 A 的公钥对密文串进行解密，比较解密后的值与运算后的 MAC 值是否相等，相等则说明报文是合法的发送方 A 发送来的，且报文在传递过程中未被篡改。

2) 数字证书

现实生活中我们如何管理我们的身份呢？公安局为每一个公民发放一个身份证明，这给了我们很好的启示。为保证身份证的真实性，公安局会在身份证上盖上发放单位的公章，如有需要，相关人员可到公安局查询相应人员的身份情况。

同样，可以由权威机构给相应各方签署证件(包含其公钥)用以标识身份，需要用到公钥的各方可以到一个权威机构去查询相应公钥。

数字证书相当于电子化的身份证明，它和身份证类似。数字证书中是一些帮助确定身份的信息资料。数字证书就是将公钥与身份绑定在一起，由一个可信的第三方对绑定后的数据进行签名，以证明数据的可靠性。数字证书与身份证的对比如图 2.16 所示。

图 2.16　数字证书与身份证对比示意图

数字证书包含下列内容：发信人的公钥、发信人的姓名、证书颁发者的名称、证书的序列号、证书颁发者的数字签名、证书的有效期限等。

本章介绍了防火墙的主要技术，以及各种技术的优缺点，并对包过滤技术、网络地址转换技术、代理技术、VPN 技术做了详细的介绍，最后对数据加解密、数据完整性、数字签名、数字证书等安全技术基础进行了详细介绍。

◀◀ 练 习 题 ▶▶

一、单项选择题

1. 网络地址转换 NAT 提供什么样的安全呢？（　　）

A. 作为两个网络之间的代理服务器　　　　B. 部署网关服务

C. 它对外部网络隐藏内部 IP 地址　　　　D. 它对于网络流量创建一个检查点

2. 以下哪一项是 NAT 完成的功能？（　　）

A. 隐藏一个网络的拓扑结构　　　　B. 能阻止所有的黑客攻击

C. 允许使用一个路由器　　　　D. 允许使用防火墙

3. 以下哪个描述不是关于 VPN 的描述的？（　　）

A. VPN 的实施需要租用专线，以保证信息难以被窃听或破坏

B. VPN 需要提供数据加密、信息认证和访问控制

C. VPN 的主要协议包括 IPSec、PPTP/L2TP、SSL 等

D. VPN 的实质是在共享网络环境下建立的安全"隧道"连接，数据可在"隧道"中传输

4. 接收方进行(　　)方面的检查就可以判断收到的数据是否被中间人篡改。

A. 完整性　　　　　　　B. 机密性　　　　　C. 身份验证　　　　D. 不可抵赖

5. 下列(　　)算法属于对称加密算法。

A. DES　　　　　　　　B. AES　　　　　　　C. RSA　　　　　　　D. DH

## 二、简答题

1. 简述包过滤、网络地址转换和代理技术的原理以及适用的网络环境。

2. 什么是 NAT？NAT 有哪些功能和应用？

3. 什么是 VPN？VPN 有哪些功能和应用？

4. VPN 的实质是在共享网络环境下建立的安全"隧道"连接，数据可以在"隧道"中传输。试简述主要的隧道创建技术。

## 三、应用设计题

1. 某个小型公司拥有多个内部网络主机，但是它们只有一个或者有限的几个外部 IP 地址，试设计一个方案解决外部 IP 地址有限的问题。

2. 考虑这样一个实例：一个 A 类子网络 116.111.4.0，认为站点 202.208.5.6 上有黄色的 BBS，所以希望阻止网络中的用户访问该点的 BBS；再假设这个站点的 BBS 服务是通过 Telnet 方式提供的，那么需要阻止到那个站点的出站 Telnet 服务，对于 Internet 的其他站点，允许内部的网络用户通过 Telnet 方式访问网络，但不允许其他站点以 Telnet 方式访问网络；为了收发电子邮件，允许 SMTP 出站入站服务，邮件服务器的 IP 地址为 116.111.4.1；对于 Web 服务，允许内部网用户访问因特网上的任何网络和站点，但只允许一个公司(因为是合作伙伴关系，公司的网络 IP 为 98.120.7.0)的网络访问内部 Web 服务器，内部 Web 服务器的 IP 地址为 116.111.4.5。请设定合理的过滤规则表。

# 第 3 章　基本网络配置及常见网络环境部署

◆ 学习目标：

➲ 了解新一代防火墙的主要功能；

➲ 了解物理接口、子接口、VLAN 接口、聚合接口、区域的应用场景；

➲ 掌握二层区域、三层区域、虚拟网线区域的配置；

➲ 掌握静态路由功能的配置、源地址策略路由和多线路负载路由的配置；

➲ 掌握路由模式、透明模式、虚拟网线、混合模式部署配置及其应用场景；

➲ 了解旁路模式部署配置及场景；

➲ 了解源地址转换、目的地址转换、双向地址转换的概念与应用场景；

➲ 掌握源地址转换、目的地址转换、双向地址转换的配置方法；

➲ 了解 DoS 和 DDoS 功能的作用与应用场景；

➲ 掌握 DoS 和 DDoS 功能的推荐配置方法。

◆ 本章重点：

➲ 各类接口配置；

➲ 静态路由功能的配置、源地址策略路由和多线路负载路由的配置；

➲ 路由部署。

◆ 建议学时数：8 学时

上一章我们介绍了防火墙的主流技术，对防火墙的工作原理已有了更深的理解。本章我们将以深信服公司的新一代防火墙设备配置管理为平台，对防火墙的基本配置及常见网络环境部署进行详细介绍。

## 3.1　基本功能介绍

深信服公司的新一代防火墙(NGAF)主要具备以下几方面的功能：

· 灵活的网络部署模式；

· 基于用户和应用的内容安全控制；

· 带宽管理；

- IPS 防护、Web 应用防护、网站篡改防护、风险分析、DoS/DDoS 防护功能;
- 数据中心(可视化)。

### 3.1.1 新一代防火墙的部署模式

深信服公司的新一代防火墙(NGAF)具备灵活的网络适应能力,其接口主要支持路由模式、透明模式、虚拟线路、混合模式、旁路部署模式等,同时支持 OSPF 和 RIP 动态路由协议。如图 3.1 所示。

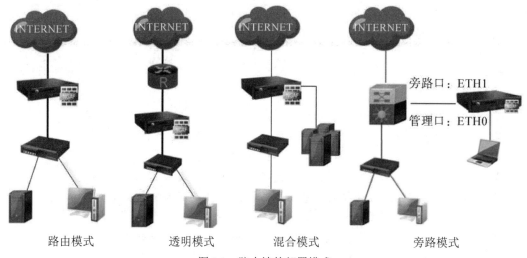

图 3.1　防火墙的部署模式

#### 1. 路由模式

路由模式是指防火墙部署在网络的出口,作为网关或类似网关设备部署在网络环境中,将内部网络的数据通过防火墙转发到 Internet 上。其详细配置参见 3.3 节。

#### 2. 透明模式

透明模式是指防火墙部署在路由器与核心交换之间,不改变原有的网络环境,NGAF设备作为网桥透明部署在网络环境中,防火墙像二层网桥设备一样按 MAC 地址进行转发。其详细配置参见 3.3 节。

#### 3. 虚拟线路

虚拟网线模式是指防火墙设备并不按二层、三层端口来转发数据报文,而是像一根网线一样,进口是什么报文,出口就是什么报文,只充当承载信号的网线那样部署在网络环境中。其详细配置参见 3.3 节。

#### 4. 混合模式

混合模式是指防火墙的网口既有二层网口功能,又有三层网口功能,混合模式融合了路由模式和透明模式部署在网络环境中。其详细配置参见 3.3 节。

#### 5. 旁路模式

旁路模式是指防火墙只作为入侵检测设备部署在网络拓扑中,防护功能较弱,一般对网络进行健康检查。旁路模式的防火墙可以实现入侵检测(IPS)、Web 应用防护系统(Web

Application Firewall，WAF)和数据防泄密功能配置。其详细配置参见 3.3 节。

## 3.1.2　基于用户和应用的内容安全控制

NGAF 防火墙可以基于用户和应用做安全控制，对用户进行识别，对识别通过的合法用户的应用进行识别。NGAF 具备用户认证系统和海量的应用识别特征库，支持 IP/MAC(跨三层)认证、本地密码认证、外部认证、LDAP 单点登录认证等方式。用户认证系统如图 3.2 和图 3.3 所示。

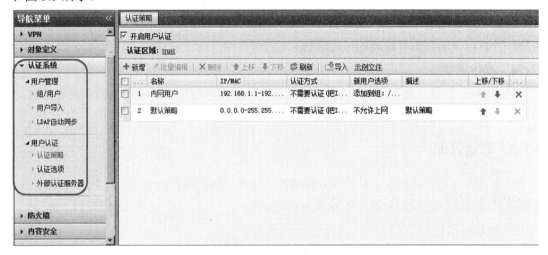

图 3.2　基于用户进行认证

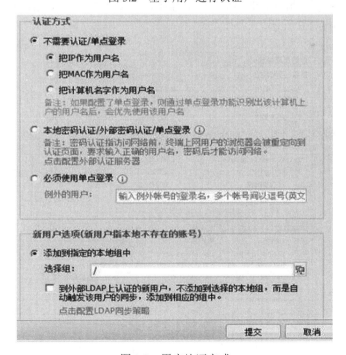

图 3.3　用户认证方式

防火墙对内容的安全控制主要体现在如下四大功能：

### 1. 应用控制

基于区域、用户做应用控制，减少不必要的访问，满足客户对互联网管控的需求。例如：禁止 P2P 下载、禁止网络流媒体等。

### 2. 病毒防御

针对 HTTP、FTP 的数据流查杀和针对 POP3、SMTP 的代理杀毒，保护内网用户的上网安全。

### 3. 僵尸网络

发现和定位感染了病毒、木马的 PC 和移动终端，识别异常流量，降低客户端的安全风险，同时记录的日志有较高的可追溯性。

### 4. Web 过滤

进行 Web 管控，减少无关 Web 应用的访问，提高内网用户的安全系数。例如：过滤钓鱼网站、过滤恶意文件等。

## 3.1.3　带宽管理

带宽管理是为了限制无关的应用，保障核心业务、核心用户的带宽，优化带宽利用率，保障访问的稳定性，减少无谓的扩容成本。

### 1. 流量可视化

我们的带宽管理平台可以按应用流量排行、IP 流量排行、用户流量排行、流量统计图等展现，让管理者对哪个 IP 用户的哪个应用程序占的流量多一目了然。流量可视化的内容如图 3.4、图 3.5 和图 3.6 所示。

| 应用流量排行 | | | | |
| --- | --- | --- | --- | --- |
| 排名 | 应用类型 | 上行 ▼ | 下行 | 百分比 |
| 1 | 发送邮件 | 19.63 (KB/s) | 1.19 (KB/s) | 29.9% |
| 2 | 网站浏览 | 15.49 (KB/s) | 77.72 (KB/s) | 23.6% |
| 3 | RM传文件 | 4.32 (KB/s) | 4.59 (KB/s) | 6.6% |
| 4 | SSH | 2.62 (KB/s) | 3.56 (KB/s) | 4.0% |
| 5 | 多线程下载 | 2.46 (KB/s) | 90.19 (KB/s) | 3.7% |
| 6 | Microsoft update | 1.91 (KB/s) | 17.66 (KB/s) | 2.9% |
| 7 | HTTP_POST | 1.13 (KB/s) | 996 (B/s) | 1.7% |
| 8 | 向日葵远控 | 674 (B/s) | 477 (B/s) | 1.0% |

| IP流量排行 | | | | |
| --- | --- | --- | --- | --- |
| 排名 | IP地址 | 用户名 | 上行 ▼ | 下行 |
| 1 | 192.168.14.66 | 192.168.14.66 | 30.29 (... | 1.26 (K... |
| 2 | 200.200.254.253 | 200.200.254.253 | 9.9 (KB/s) | 93.98 (... |
| 3 | 200.200.0.60 | 200.200.0.60 | 3.58 (K... | 6.42 (K... |
| 4 | 200.200.3.112 | 200.200.3.112 | 3.09 (K... | 45.81 (... |
| 5 | 200.200.72.54 | 200.200.72.54 | 2.99 (K... | 7.06 (K... |
| 6 | 200.200.66.180 | 200.200.66.180 | 2.38 (K... | 87.33 (... |
| 7 | 200.200.78.53 | 200.200.78.53-53 | 2.3 (KB/s) | 0 (B/s) |
| 8 | 200.200.67.154 | 200.200.67.154 | 1.76 (K... | 0 (B/s) |

图 3.4　应用流量、IP 流量排行

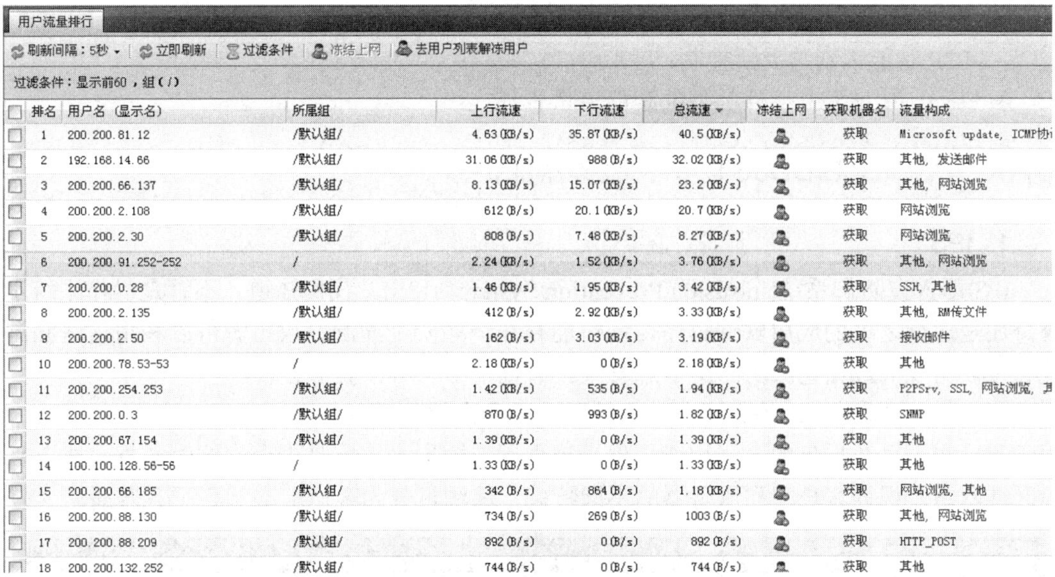

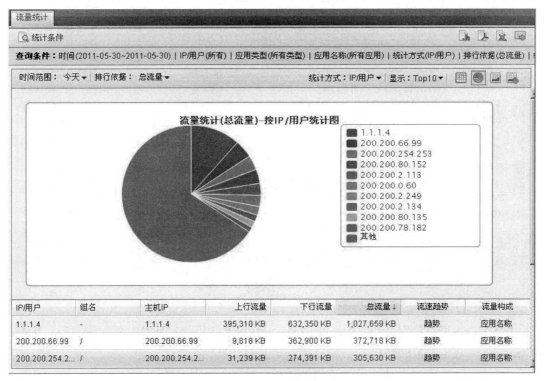

| 排名 | 用户名（显示名） | 所属组 | 上行流速 | 下行流速 | 总流速 | 冻结上网 | 获取机器名 | 流量构成 |
|---|---|---|---|---|---|---|---|---|
| 1 | 200.200.81.12 | /默认组/ | 4.63 (KB/s) | 35.87 (KB/s) | 40.5 (KB/s) | | 获取 | Microsoft update，ICMP协 |
| 2 | 192.168.14.66 | /默认组/ | 31.06 (KB/s) | 988 (B/s) | 32.02 (KB/s) | | 获取 | 其他，发送邮件 |
| 3 | 200.200.66.137 | /默认组/ | 8.13 (KB/s) | 15.07 (KB/s) | 23.2 (KB/s) | | 获取 | 其他，网站浏览 |
| 4 | 200.200.2.108 | /默认组/ | 612 (B/s) | 20.1 (KB/s) | 20.7 (KB/s) | | 获取 | 网站浏览 |
| 5 | 200.200.2.30 | /默认组/ | 808 (B/s) | 7.48 (KB/s) | 8.27 (KB/s) | | 获取 | 网站浏览 |
| 6 | 200.200.91.252-252 | / | 2.24 (KB/s) | 1.52 (KB/s) | 3.76 (KB/s) | | 获取 | 其他，网站浏览 |
| 7 | 200.200.0.28 | /默认组/ | 1.46 (KB/s) | 1.95 (KB/s) | 3.42 (KB/s) | | 获取 | SSH，其他 |
| 8 | 200.200.2.135 | /默认组/ | 412 (B/s) | 2.92 (KB/s) | 3.33 (KB/s) | | 获取 | 其他，RM传文件 |
| 9 | 200.200.2.50 | /默认组/ | 162 (B/s) | 3.03 (KB/s) | 3.19 (KB/s) | | 获取 | 接收邮件 |
| 10 | 200.200.78.53-53 | / | 2.18 (KB/s) | 0 (B/s) | 2.18 (KB/s) | | 获取 | 其他 |
| 11 | 200.200.254.253 | /默认组/ | 1.42 (KB/s) | 535 (B/s) | 1.94 (KB/s) | | 获取 | P2PSrv，SSL，网站浏览，其 |
| 12 | 200.200.0.3 | /默认组/ | 870 (B/s) | 993 (B/s) | 1.82 (KB/s) | | 获取 | SNMP |
| 13 | 200.200.67.154 | /默认组/ | 1.39 (KB/s) | 0 (B/s) | 1.39 (KB/s) | | 获取 | 其他 |
| 14 | 100.100.128.56-56 | / | 1.33 (KB/s) | 0 (B/s) | 1.33 (KB/s) | | 获取 | 其他 |
| 15 | 200.200.66.185 | /默认组/ | 342 (B/s) | 864 (B/s) | 1.18 (KB/s) | | 获取 | 网站浏览，其他 |
| 16 | 200.200.88.130 | /默认组/ | 734 (B/s) | 269 (B/s) | 1003 (B/s) | | 获取 | 其他，网站浏览 |
| 17 | 200.200.88.209 | /默认组/ | 892 (B/s) | 0 (B/s) | 892 (B/s) | | 获取 | HTTP_POST |
| 18 | 200.200.132.252 | /默认组/ | 744 (B/s) | 0 (B/s) | 744 (B/s) | | 获取 | 其他 |

图 3.5　用户流量排行

| IP/用户 | 组名 | 主机IP | 上行流量 | 下行流量 | 总流量↓ | 流速趋势 | 流量构成 |
|---|---|---|---|---|---|---|---|
| 1.1.1.4 | - | 1.1.1.4 | 395,310 KB | 632,350 KB | 1,027,659 KB | 趋势 | 应用名称 |
| 200.200.66.99 | / | 200.200.66.99 | 9,818 KB | 362,900 KB | 372,718 KB | 趋势 | 应用名称 |
| 200.200.254.2... | / | 200.200.254.2... | 31,239 KB | 274,391 KB | 305,630 KB | 趋势 | 应用名称 |

图 3.6　用户流量统计

## 2. 流量管理

根据可视化的流量查看，可以对流量进行有效的管理。通常主要采用以下几项措施进行流量管理：

- 动态带宽分配；

- 多线路复用与智能选路；
- P2P 智能识别与灵活控制；
- 基于应用/网站/文件类型的智能流量管理。

## 3.1.4　IPS、DoS/DDoS 防护、服务器保护

### 1. IPS

IPS 即入侵防御系统(Intrusion Prevention System，IPS)。我们知道，不管是操作系统本身，还是运行之上的应用软件程序，都可能存在一些安全漏洞，攻击者可以利用这些漏洞发起带攻击性的数据包威胁网络信息安全。所以，引入 IPS 非常必要。

IPS 的 AF 检查穿过的数据包，将检查结果和内置的漏洞规则列表进行比较，如图 3.7 所示。确定这种数据包的真正用途，然后根据用户配置来决定是否允许这种数据包进入目标区域网络。根据客户端和服务器的不同特性，漏洞可分为客户端漏洞和服务器漏洞。

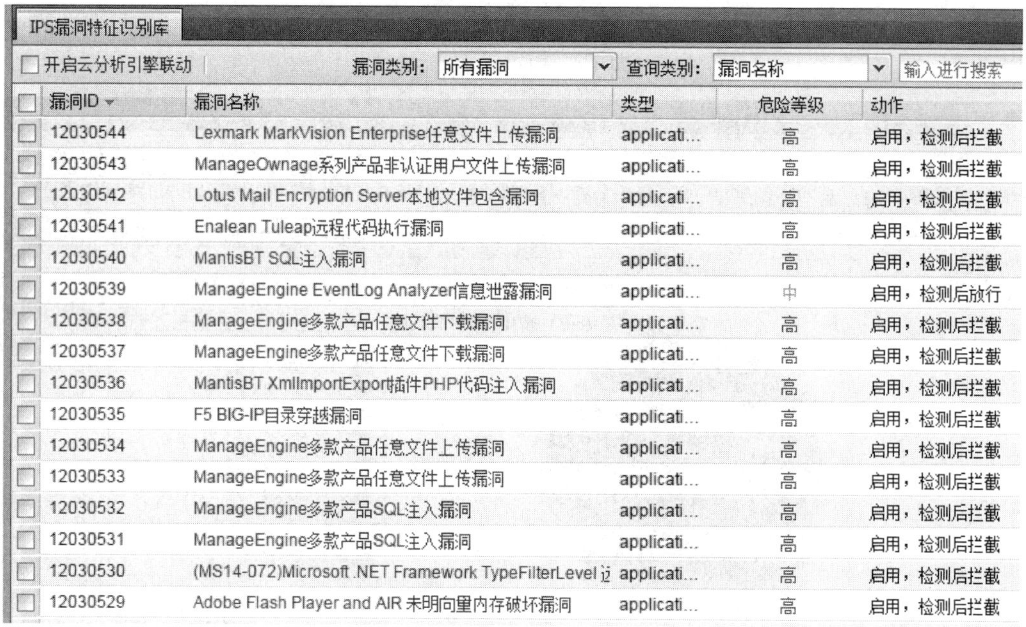

IPS漏洞特征识别库

开启云分析引擎联动　漏洞类别：所有漏洞　查询类别：漏洞名称　输入进行搜索

| 漏洞ID | 漏洞名称 | 类型 | 危险等级 | 动作 |
|---|---|---|---|---|
| 12030544 | Lexmark MarkVision Enterprise任意文件上传漏洞 | applicati... | 高 | 启用，检测后拦截 |
| 12030543 | ManageOwnage系列产品非认证用户文件上传漏洞 | applicati... | 高 | 启用，检测后拦截 |
| 12030542 | Lotus Mail Encryption Server本地文件包含漏洞 | applicati... | 高 | 启用，检测后拦截 |
| 12030541 | Enalean Tuleap远程代码执行漏洞 | applicati... | 高 | 启用，检测后拦截 |
| 12030540 | MantisBT SQL注入漏洞 | applicati... | 高 | 启用，检测后拦截 |
| 12030539 | ManageEngine EventLog Analyzer信息泄露漏洞 | applicati... | 中 | 启用，检测后放行 |
| 12030538 | ManageEngine多款产品任意文件下载漏洞 | applicati... | 高 | 启用，检测后拦截 |
| 12030537 | ManageEngine多款产品任意文件下载漏洞 | applicati... | 高 | 启用，检测后拦截 |
| 12030536 | MantisBT XmlImportExport插件PHP代码注入漏洞 | applicati... | 高 | 启用，检测后拦截 |
| 12030535 | F5 BIG-IP目录穿越漏洞 | applicati... | 高 | 启用，检测后拦截 |
| 12030534 | ManageEngine多款产品任意文件上传漏洞 | applicati... | 高 | 启用，检测后拦截 |
| 12030533 | ManageEngine多款产品任意文件上传漏洞 | applicati... | 高 | 启用，检测后拦截 |
| 12030532 | ManageEngine多款产品SQL注入漏洞 | applicati... | 高 | 启用，检测后拦截 |
| 12030531 | ManageEngine多款产品SQL注入漏洞 | applicati... | 高 | 启用，检测后拦截 |
| 12030530 | (MS14-072)Microsoft .NET Framework TypeFilterLevel 远 | applicati... | 高 | 启用，检测后拦截 |
| 12030529 | Adobe Flash Player and AIR 未明向量内存破坏漏洞 | applicati... | 高 | 启用，检测后拦截 |

图 3.7　IPS 漏洞特征识别库

### 2. DoS/DDoS 防护

DoS/DDoS 即拒绝服务 DoS(Denial of Service)/分布式拒绝服务 DDoS(Distributed Denial of Service)。攻击者借助客户/服务器技术，将多个计算机联合起来作为攻击平台，对一个或多个目标发动 DDoS 攻击，从而成倍地提高拒绝服务攻击的威力。

DoS/DDoS 防护分为内网防护和外网防护。内网防护用于保护设备的安全，外网防护用于保护内网的服务器免受来自外部的攻击。

### 3. Web 应用防护

Web 应用防护指专门针对客户内网的 Web 和 FTP 服务器设计的防攻击策略。服务器保护包括网站攻击防护、参数防护、应用隐藏、口令防护、权限控制、登录防护、HTTP

异常检测、CC 攻击防护、网站扫描防护等几大功能。如应用隐蔽，有 FTP 隐藏、HTTP 隐藏。

· FTP 隐藏。客户端登录 FTP 服务器时，服务器通常会返回 FTP 服务器版本信息，攻击者可以利用版本漏洞攻击 FTP 服务器。通过隐藏 FTP 服务器返回客户端的数据包的相关信息可以保护服务器安全。

· HTTP 隐藏。当客户端访问 Web 网站的时候，服务器会通过 HTTP 报文头部返回客户端很多字段信息，例如 Server、Via 等，Via 可能会泄露代理服务器的版本信息，攻击者可以利用服务器版本漏洞进行攻击。因此可以通过隐藏这些字段来防止攻击。

**4. 服务器保护**

1) 网站攻击防护

网站攻击防护包括内容如图 3.8 所示。

图 3.8　网站攻击防护

2) 口令防护

· FTP 弱口令防护：针对一些过于简单的用户名密码登录，FTP 进行检测，以提醒客户系统存在弱口令风险，如图 3.9 所示。

· 口令暴力破解防护：用于暴力破解密码防护，可以防止攻击者对 FTP 和 HTTP 服务器进行暴力破解，如图 3.10 所示。

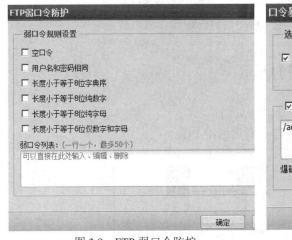

图 3.9　FTP 弱口令防护

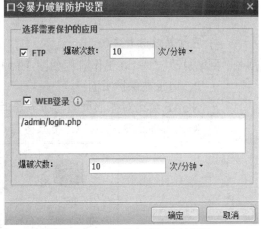

图 3.10　口令暴力破解防护设置

3) 权限控制

· 文件上传过滤：过滤客户端上传到服务器的文件类型，提高服务器的安全系数，如

图 3.11 所示。

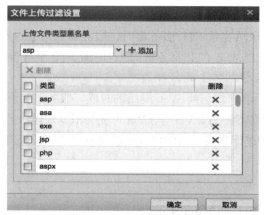

图 3.11　文件上传过滤设置

• URL 防护：主要功能是权限开关。例如禁止某个 URL，则其余的防攻击等都无效，因为客户端都无法访问，更不会存在攻击。如果此处允许某个 URL，则上述设置的防攻击等针对该 URL 都会无效，相当于一个白名单。如图 3.12 所示。

图 3.12　URL 防护设置

4) 网站篡改防护 1.0

网站篡改防护 1.0 工作流程如图 3.13 所示。

• PC 请求被保护页面；
• NGAF 会比对抓取页面与服务器返回页面；
• 确认页面正常后 NGAF 将服务器页面返回给 PC。

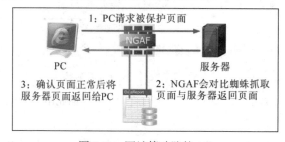

图 3.13　网站篡改防护 1.0

5) 网站篡改防护 2.0

网站篡改防护 2.0 的工作流程如图 3.14 和图 3.15 所示。

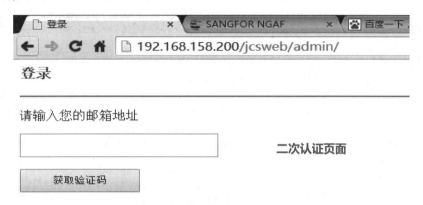

图 3.14　基于 IP/邮件的二次认证

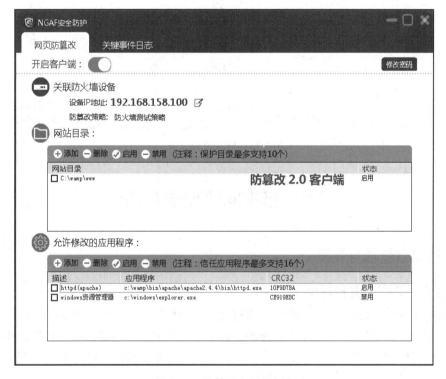

图 3.15　防篡改 2.0 客户端

• 最新版深信服网页防篡改解决方案采用文件保护系统和新一代防火墙紧密结合，功能联动，保证网站内容不被篡改。

• 对于网站的后台管理页面做基于 IP/邮件的二次认证。

• 在服务端安装监控软件，防护对网站目录的恶意操作。

## 3.1.5　数据中心

数据中心可以用于查询和统计各功能模块产生的日志。例如可以查询出 Web 应用防护阻断的攻击行为，以及可以查询到攻击源 IP、目标 IP 等详细信息，还可以统计出服务器在指定的时间内受到多少次 DOS 攻击等，如图 3.16 所示。

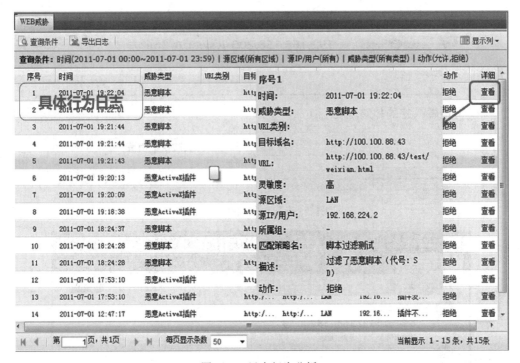

图 3.16　日志行为分析

## 3.2　基本网络配置介绍

### 3.2.1　控制台登录与管理

#### 1. 登录 NGAF 设备控制台

NGAF 设备通过 MANAGE 端口登录进行管理，MANAGE 口的 IP 地址为：10.251.251.251。

登录方法：将一根网线连接设备的 MANAGE 口和电脑，电脑配置 10.251.251.0/24 网段的 IP 地址(10.251.251.251 除外)，在电脑的浏览器中输入 https://10.251.251.251，登录设备的网关控制台，控制台默认的账号密码为 admin/admin。

 注意

MANAGE 端口的 IP 地址 10.251.251.251 不可以修改，但可以在 MANAGE 口添加多个 IP 地址。所以即使忘记了其他接口的 IP，仍然可以通过 MANAGE 口的出厂 IP 登录 NGAF 设备。

## 2. 设备外观及控制台

NGAF 设备的外观及控制台如图 3.17 和图 3.18 所示。

图 3.17　NGAF 设备外观

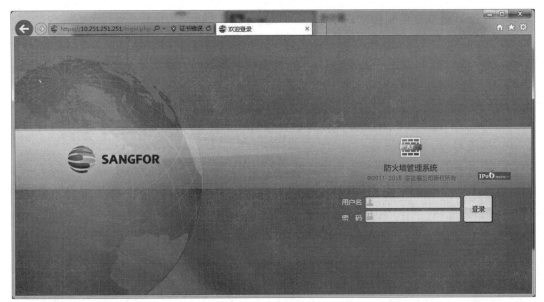

图 3.18　NGAF 控制台

## 3. 恢复 NGAF 设备出厂配置

第一步：首先登录深信服官方网站(http://www.sangfor.com/download/product/tools/SAN-GFOR_Updater6.0.zip)，选择"服务支持"→"软件下载"→"常用工具"，下载升级客户端 6.0，安装到 PC 客户端。

第二步：下载 NGAF 升级包，需要确保升级包版本与设备当前版本一致，R 版本也必须保持一致。例如：1.0R1 的设备只能用 1.0R1 的升级包恢复，不能用 1.0R2 版本的升级包。确认方法：在登录控制台界面点击"查看版本"，查看当前的版本信息与下载的升级包是否一致。

 注意

文件后缀的 .cssu 结尾是组合包，这种包不能够恢复默认配置，必须使用 .ssu 的升级包。

第三步：打开网关升级与备份系统。

第四步：加载第二步中的 NGAF 升级包。

第五步：点击【系统】→【直接连接】，输入设备 IP 地址和密码连入设备。

第六步：点击【升级】→【恢复默认配置】，如有提示，点击"是"，即可恢复出厂配置。

 注意

> 在设备控制台提供【系统维护】→【备份与恢复】恢复配置方式三【一键恢复】中也支持恢复出厂配置。

### 4. 通过 U 盘恢复控制台密码

当客户忘记设备网关控制台的登录密码时，可以通过在 U 盘里分别放入对应功能名称的 txt 文件，通过将 U 盘插入设备的 USB 口来实现恢复密码。(此功能从 2.6 版本开始支持，但只恢复密码，不会恢复网络配置)

实现步骤如下：

- 将 reset-password.txt 文件拷贝到 U 盘根目录下；
- 插入 U 盘，重启设备；
- 当设备能够正常登录控制台后，拔出 U 盘；
- 查看 U 盘中的结果文件 reset-password.log，若恢复成功则在该文件中记录恢复后的控制台密码，否则记录的是恢复失败信息。

 注意

- 这个 txt 文件可以直接在 Windows 系统上建立空白 txt 文件，将文件名字改成对应功能要求的文件名即可。
- txt 文件必须在 U 盘的根目录下。
- U 盘可以为单分区或多分区。单分区的 U 盘格式必须为 FAT32；多分区 U 盘必须把 txt 文件放在第一个分区，且第一个分区格式必须为 FAT32。
- 以上三个功能不互斥，一次可以同时进行多个操作。
- U 盘恢复详细步骤请参考论坛手册：http://sangfor.360help.com.cn/read.php?tid- 6495. tml

### 5. 使用直通功能快速恢复业务

如果设备上架后发现应用不正常，而设备上架前是正常的，可以使用直通功能快速恢复客户业务，就相当于软件旁路(bypass)的功能。开启直通功能之后，认证系统、防火墙、内容安全、服务器保护、流量管理等主要功能模块(DoS/DDoS 防护中的基于数据包攻击和异常数据报文检测、NAT、流量审计、连接数控制除外)均失效。设置方法如下：

第一步：在导航菜单中选择【系统维护】→【数据包拦截日志与直通】，再选择【设置开启条件】。

第二步：在【设置开启条件】界面中，设置好开启条件，指定 IP 或排除 IP，然后点击【开启实时拦截日志并直通】按钮，如图 3.19 所示。

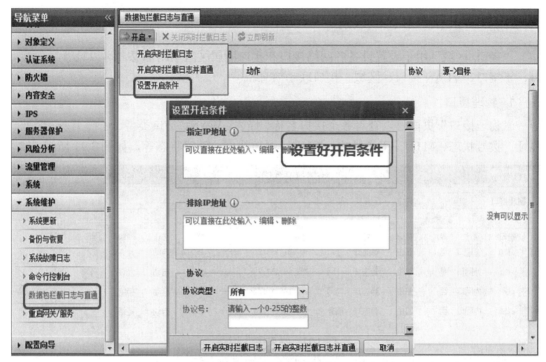

图 3.19　NGAF 控制台

第三步：设置完后，即可看到当前操作状态为直通状态。如图 3.20 所示。

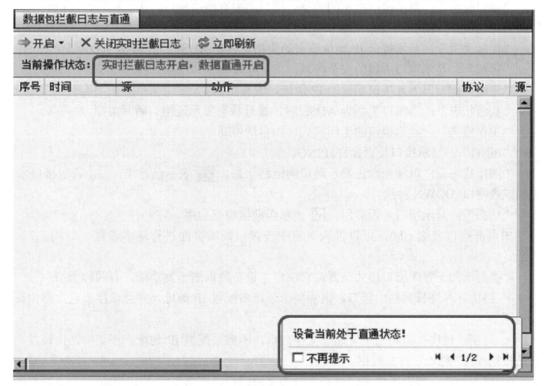

图 3.20　开启数据包拦截日志与直通后的界面

## 3.2.2　NGAF 接口和区域设置

"接口/区域"用于设置设备各网络接口和接口所属区域网络信息，可以设置物理接口、子接口、VLAN 接口、区域、接口联动信息。

### 1. 物理接口

"物理接口"页面可以查看各个接口名称、描述、WAN、接口类型、连接类型、区域、地址、拨号状态、MTU、工作模式、PING、网口状态、链路状态等，如图 3.21 所示。

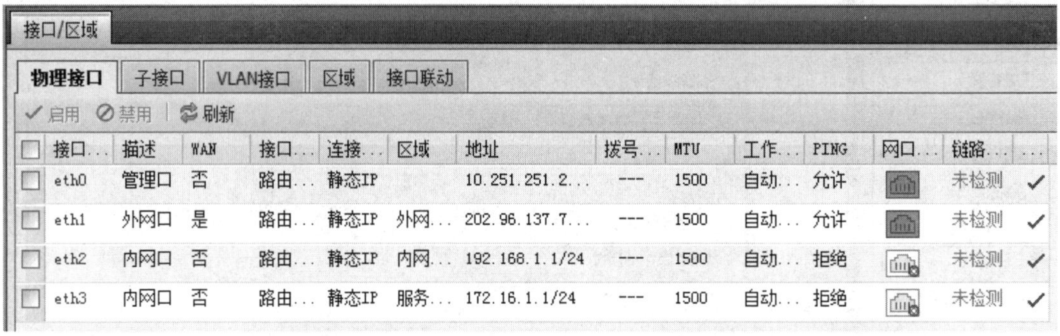

| | 接口... | 描述 | WAN | 接口... | 连接... | 区域 | 地址 | 拨号... | MTU | 工作... | PING | 网口... | 链路... | |
|---|---|---|---|---|---|---|---|---|---|---|---|---|---|---|
| ☐ | eth0 | 管理口 | 否 | 路由... | 静态IP | | 10.251.251.2... | --- | 1500 | 自动... | 允许 | 🖥 | 未检测 | ✓ |
| ☐ | eth1 | 外网口 | 是 | 路由... | 静态IP | 外网... | 202.96.137.7... | --- | 1500 | 自动... | 允许 | 🖥 | 未检测 | ✓ |
| ☐ | eth2 | 内网口 | 否 | 路由... | 静态IP | 内网... | 192.168.1.1/24 | --- | 1500 | 自动... | 拒绝 | 🖥 | 未检测 | ✓ |
| ☐ | eth3 | 内网口 | 否 | 路由... | 静态IP | 服务... | 172.16.1.1/24 | --- | 1500 | 自动... | 拒绝 | 🖥 | 未检测 | ✓ |

图 3.21　物理接口页面

"接口名称"：网口的名称，物理接口不支持修改名称。

"描述"：对接口的描述。

"接口类型"：显示接口所属的类型。接口类型有路由接口、透明接口、虚拟网线接口和旁路镜像接口四种。

"连接类型"：显示接口 IP 地址获取的类型，包括 ADSL、静态 IP、DHCP。

"区域"：显示接口所属的安全区域。

"地址"：列出为此接口配置的 IP 地址，没有则留空。

"拨号状态"：当接口类型为 ADSL 时，拨号状态显示连接、断开类型。

"工作模式"：显示接口的工作模式，如自动协商。

"PING"：显示接口是否允许 PING。

"网口状态"：以图标颜色显示网口的链路状态，🖥 表示已连接，🖥 表示接口未接线或者网口 DOWN 掉线。

"状态"：显示接口是否启用，☑ 表示当前接口已启用。

如点击接口名称 eth0，可以进入对应物理接口编辑页面进行基本设置，如图 3.22 所示。

"类型"的配置即接口模式配置，它决定了设备数据的转发功能，有四种类型：

• 路由。若选择为路由接口，则需要给该接口配置 IP 地址，并且该接口包含路由转发功能。

• 透明。透明接口相当于普通的交换接口，不需要配置 IP 地址，不支持路由转发，它是根据 MAC 地址表转发数据。

• 虚拟网线。虚拟网线接口也是普通的交换接口，不需要配置 IP 地址，不支持路由转发，转发数据时，直接从虚拟网线配对的接口转发。

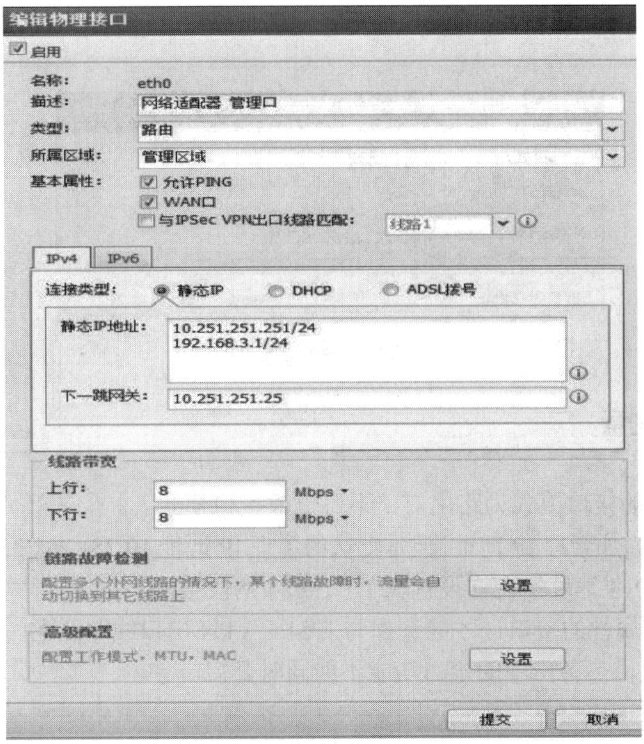

图 3.22　编辑物理接口

· 旁路镜像：连接到有镜像功能的交换机上，用于镜像流经交换机的数据。

物理网口支持配置 IPv4、IPv6 两类地址，其中 IPv4 支持静态 IP、DHCP、ADSL 三种配置，IPv6 支持静态 IP、DHCP 两种配置。

"基本属性"：设置该接口的基本属性，如是否允许 PING；是否为 WAN 口；如果是 WAN 口，是否与 IPSEC VPN 出口线路匹配。

"链路故障检测"：用于检测外网线路的有效性，如果为有多条外网线路的场景，且某条线路出现故障，则流量自动切换到其他正常的线路。可通过 DNS 解析或者 PING 的方式来检测链路故障，如图 3.23 所示。

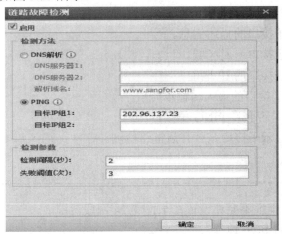

图 3.23　链路故障检测

"高级配置"：可设置接口的工作模式、最大传输单元(MTU)以及 MAC 地址，如图 3.24 所示。

图 3.24　高级设置页面

 注意

- ETH0 管理口的接口模式为路由口，不可更改接口模式。
- ETH0 口可以增加管理 IP 地址，但是默认的管理 IP 地址 10.251.251.251/24 不能删除。
- 任何接口的 IPv4 地址不允许设置在 1.1.1.0/24 网段范围。
- 只有 WAN 口属性的接口，才能选择与 IPSEC VPN 出口线路匹配。
- 链路检测与双机热备份中的抢占功能不能同时开启。

### 2. 子接口

子接口用于配置物理接口为路由接口，并且该路由接口需要启用 VLAN Trunk 的场景，配置如图 3.25 所示。

图 3.25　子接口设置页面

"接口名称"：显示子接口的名称。接口名称自动生成，且不可修改，如 eth0 口下 VLAN2 的子接口，则自动生成 eth0.2。

"描述"：填写子接口的描述信息。

"区域"：显示子接口所属区域。

"地址"：显示子接口的 IP 地址。

"MTU"：显示子接口的最大传输单元值。

"PING"：显示是否允许 PING 子接口。

"链路状态"：显示子接口是否开启链路检测。

 注意

- 任何接口的 IPv4 地址不允许设置在 1.1.1.0/24 网段范围。
- 子接口不支持配置 IPv6 地址。

### 3. VLAN 接口

为 VLAN 定义 IP 地址，则会产生 VLAN 接口。VLAN 接口也是逻辑接口。

"VLAN 接口"用于显示设备的 VLAN 列表，配置接口如图 3.26 所示。

图 3.26　VLAN 接口设置页面

点击【新增】按钮，添加 VLAN 接口，如图 3.27 所示。

图 3.27　新建 VLAN 接口

"接口名称"：设置 VLAN 的 ID。设备需要加入哪个 VLAN，就填写对应的 VLAN ID 编号。

"基本属性"：设置 VLAN 接口是否允许 PING。

"连接类型"：可以选择静态 IP 或 DHCP。静态 IP 地址填写对应 VLAN 网段的 IP 地址。

"链路故障检测"与"高级配置"：与路由接口设置方法相同，此处不再赘述。

 注意

- 任何接口的 IPv4 地址不允许设置在 1.1.1.0/24 网段范围。
- VLAN 接口不支持配置 IPv6 地址。

#### 4. 聚合接口

将多个以太网接口捆绑在一起所形成的逻辑接口，创建的聚合接口成为一个逻辑接口，而不是底层的物理接口。

"聚合接口"用于设备的聚合接口列表，配置接口如图 3.28 所示。

图 3.28　聚合接口设置页面

点击【新增】按钮，添加聚合接口，如图 3.29 所示。

"接口名称"：设置聚合接口的名称。

"描述"：填写聚合接口的描述信息。

"类型"：支持路由、透明和虚拟网线类型。

"所属区域"：显示聚合接口所属的区域。

"工作模式"：聚合接口支持的工作模式，支持负载均衡-hash、负载均衡-RR、主备模式。

"链路故障检测"与"基本属性"：与路由接口设置方法相同，此处不再赘述。

"选择汇聚接口"：选择哪些接口需要进行端口聚合。

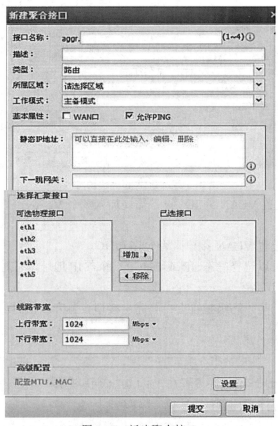

图 3.29　新建聚合接口

 注意

---

• 聚合接口不支持配置 IPv6 地址。

---

### 5. 区域

"区域"：用于设置接口所属的区域，以供内容安全、流量管理、防火墙等模块调用。可以选择二层区域、三层区域、虚拟网线区域三种类型，二层区域可以选择所有透明接口，三层区域可以选择所有路由接口，虚拟网线区域可以选择所有虚拟网线接口，设置界面如图 3.30 所示。

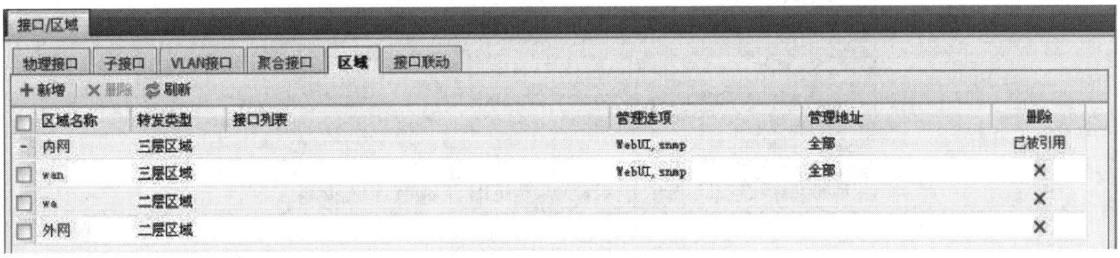

| □ 区域名称 | 转发类型 | 接口列表 | 管理选项 | 管理地址 | 删除 |
|---|---|---|---|---|---|
| — 内网 | 三层区域 | | WebUI, snmp | 全部 | 已被引用 |
| □ wan | 三层区域 | | WebUI, snmp | 全部 | × |
| □ wa | 二层区域 | | | | × |
| □ 外网 | 二层区域 | | | | × |

图 3.30　区域设置页面

点击【新增】按钮，区域新增页面如图 3.31 所示。

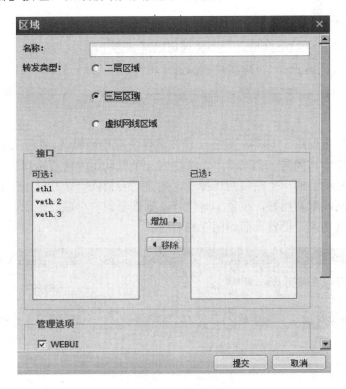

图 3.31　新建区域

"名称"：设置区域的名称。

"转发类型"：设置区域的类型。如果选择二层区域，接口列表会显示未被划到其他任何区域的剩余的透明接口；如果选择三层区域，接口列表会显示未被划到其他任何区域的剩余的路由接口，包括子接口和 VLAN 接口；如果选择虚拟网线区域，接口列表会显示未被划到其他任何区域的剩余的虚拟网线接口。

"接口"：选择接口到区域。可通过【增加】、【移除】按钮来添加和删除接口。可选择 IPv6 地址的物理接口。

"管理选项"：设置是否允许从该区域登录管理设备。可选择通过 WEBUI、SSH、SNMP 三种方式登录，并可以设置允许管理此设备 IP，界面如图 3.32 所示。

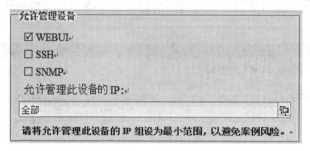

图 3.32　允许管理设备窗口

其中 WEBUI 和 SSH 支持 IPv6 地址访问。点击【提交】按钮，完成区域设置。

 注意

- 一个接口只能属于一个区域，一个区域可以选择多个接口。
- 一个区域可以同时选择 LAN 属性和 WAN 属性的接口。

### 6. 接口联动

"接口联动"主要用于 NGAF 设备工作在流量负载均衡模式，把负责转发数据的设备的出接口和入接口添加到同一个联动组，实现同一个联动组中所有接口的状态始终保持一致。例如当一个联动组的一个接口网线掉了，则自动宕掉同一个联动组的其余接口；如果后续这个接口的网线重新插好，恢复了电信号，则恢复同一个联动组的其余接口，保证流量负载均衡地正常切换。设置页面如图 3.33 所示。

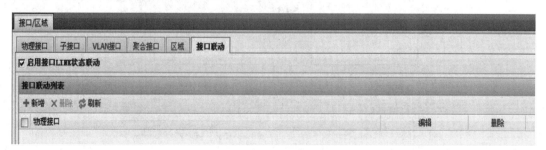

图 3.33　接口联动

"启用接口 LINK 状态联动"是开启接口联动功能的总开关，勾选此选项后，出现如图 3.34 所示页面。

图 3.34　接口联动状态配置

点击【是】按钮，启动接口 LINK 状态联动。

点击【新增】按钮，添加接口联动，如图 3.35 所示。

"名称"：设置接口联动组的名称。

"物理接口"：选择加入同一组接口联动组的接口，只能选择物理接口，可以选择多个接口属于同一个联动组。通过【增加】和【移除】按钮可以选择和删除接口。

点击【提交】按钮，保存配置。

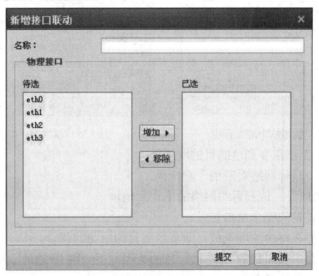

图 3.35　新增接口联动

 **注意**

• 如果某接口的 IP 地址设置成 "IP/掩码-HA" 的形式，则此接口不能设置成接口联动。

### 3.2.3　NGAF 路由设置

路由设置页面包括静态路由、策略路由、OSPF 和查看路由，当设备本身需要与不同网段的 IP 通信时，需要通过路由实现数据转发。

### 1. 静态路由

在【导航菜单】页面中选择"网络配置"→"路由",进入【静态路由】页面,如图 3.36 所示。

图 3.36 静态路由页面

支持 IPv4、IPv6 的静态路由,分别在不同的卷标页进行配置,配置方法相同。

点击【新增】会弹出【静态路由】的配置接口,选择新增单个静态路由或新增多个静态路由后,会分别出现如图 3.37 和图 3.38 所示画面。

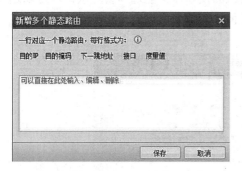

图 3.37 新增单个静态路由

图 3.38 新增多个静态路由

"目的 IP 地址":需要到达的目的网络号。

"目的掩码":目标网络对应的子网掩码。

"下一跳 IP 地址":达到目的网络的下一跳地址。

"接口":从设备的哪个端口转发。

"度量值":静态路由的度量值,即从源到目的所花的代价。

新增多个静态路由按照目的 IP 地址、目的掩码、下一跳 IP 地址、接口、度量值的顺序填写,一行对应一条静态路由。

点击【保存】按钮,保存配置。

 注意

- 静态路由选择接口时,一般情况下建议设置"自动选择",当设备存在多个接口 IP 时,在同网段的情况下,需要手动指定静态路由的接口。
- 导入、导出功能分别支持 IPv4、IPv6 的路由导入和导出。

### 2. 策略路由

"策略路由"主要用于设备有多个外网口接多条外网线路时,根据源 IP/目的 IP、源端口/目的端口、协议等条件进行出入接口和线路选择，以实现不同的数据走不同的外网线路的自动选路功能。需要在接口/区域中启用链路故障检测功能。设备同时支持 IPv4 和 IPv6 的策略路由。

在【导航菜单】页面中单击"网络配置"→"路由"，进入"策略路由"编辑页面，如图 3.39 所示。

| 路由设置 | | | | | | | |
|---|---|---|---|---|---|---|---|
| 静态路由 | 策略路由 | OSPF | RIP | 查看路由 | | | |
| ＋新增 ▾ | ✕删除 | ✔启用 | ✔禁用 | ↑上移 | ↓下移 | ✉移动 | 🔄刷新　📥导入　📤导出 |
| | 源地址策略路由 | 源区域 | 源IP组 | 目的IP组 | 协议 | 应用 | 接口-下一跳地址 |
| | 多线路负载路由 | 内网区域 | 全部 | 全部 | 全部 | 网络协议/sina | eth0-10.251.251.2! |
| □ | 2　PC1测试2 | 内网区域 | 全部 | 全部 | 全部 | 网络协议/sina | eth2-172.16.100.2! |
| □ | 3　PC1测试3 | 内网区域 | 全部 | 全部 | 全部 | 网络协议/sina | eth0-10.251.251.2! |
| □ | 4　PC2测试1 | 内网区域 | wsd_2008 | 全部 | 全部 | 全部/全部 | eth0-10.251.251.2! |
| □ | 5　PC2测试2 | 内网区域 | wsd_2008 | 全部 | 全部 | 全部/全部 | eth2-172.16.100.2! |
| □ | 6　PC2测试3 | 内网区域 | wsd_2008 | 全部 | 全部 | 全部/全部 | eth0-10.251.251.2! |

图 3.39　策略路由界面

"策略路由"常用的两种需求如下所述：

1) 源地址策略路由

根据源 IP 地址和协议选择接口或下一跳，实现内网用户访问公网数据的分流。不同网段的内网用户，分别通过不同的线路接口访问公网；当设备上有多条外网线路时，内网用户访问网上银行、网上支付等应用会从不同链路出去。该应用安全性要求较高，因此有些服务器需要验证访问的源 IP 地址，如果多次访问的源 IP 是不同的，则网络会断开访问连接，此时可以通过"策略路由"功能新增源地址策略路由，实现访问这些安全应用时固定从某一个接口或下一跳出去，保证每次访问安全应用的源 IP 地址是固定的。如图 3.40 所示。

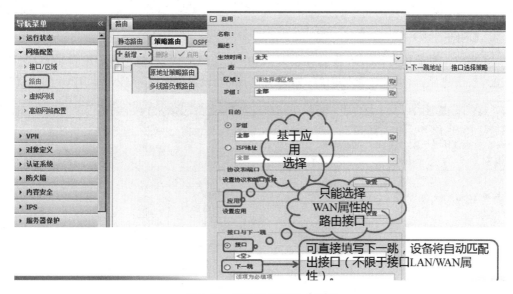

图 3.40　源地址策略路由设置

2) 多线路负载路由

当设备上有多条外网线路时，可通过新增多线路负载策略路由，在接口选项里选择轮询、带宽比例、加权最小流量、优先使用前面的线路等四种接口策略，动态地选择线路，实现线路带宽的有效利用和负载均衡。如图 3.41 所示。

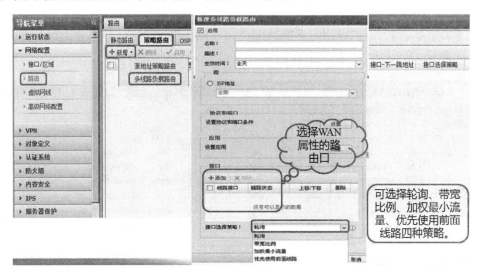

图 3.41　多线路负载路由设置

 注意

- IPv6 环境中，支持 IPv6 的源地址策略路由，但不支持根据应用引流。不支持添加 IPv6 的多线路负载路由。
- VLAN 和子接口不支持策略路由。

### 3. OSPF

"OSPF"用于开启 NGAF 设备和设置 OSPF 动态路由协议，包括网络配置、接口配置、参数配置、信息显示、调试选项等内容，如图 3.42 所示。设备同时支持 IPv4 和 IPv6 的 OSPF。

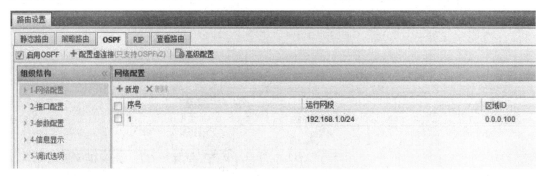

图 3.42　OSPF 设置界面

勾选"启用 OSPF"，启用 OSPF 功能，在出现的界面中选择【是】按钮，保存配置。

"配置虚连接"：当 NGAF 设备所在的区域与 OSPF 的骨干区域不相邻的时候，需要启用和配置虚连接。点击【配置虚连接】，弹出如图 3.43 所示界面。

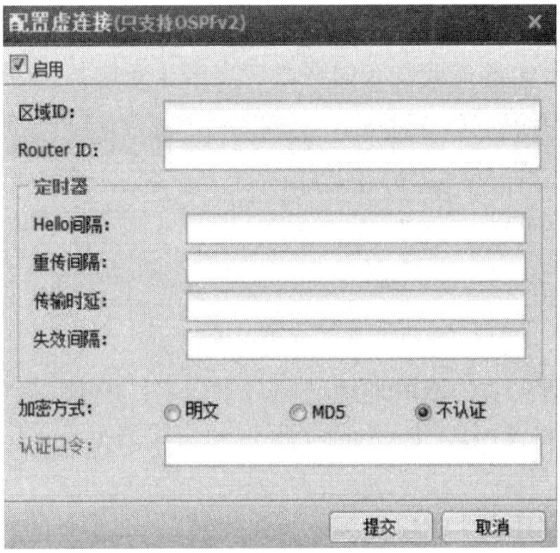

图 3.43　OSPF 虚连接设置

勾选"启用"，开启虚连接。

"区域 ID"：填写骨干区域 ID。

"Router ID"：填写建立虚连接的对端路由器 ID，指明与哪一台路由器建立虚连接。

"定时器"：设置 Hello 包间隔，重传间隔，传输时延，失效间隔，单位为秒。

"Hello 间隔"：Hello 报文的重发间隔时间，默认值是 10 s。

"重传间隔"：与接口相邻的连接状态报文重发时间，默认值是 10 s。

"传输时延"：传输一个链路状态更新数据包的估计时间，默认值是 5 s。

"失效间隔"：如果超过失效间隔时间还未收到 Hello 报文，则认为该 OSPF 邻居不可达，一般设置为 Hello 间隔的 4 倍，默认值是 40 s。

"加密方式"：设置报文发送的加密方式，可以选择明文、MD5 或者不认证的方式。

"认证口令"：报文加密使用的口令。

点击【提交】按钮，保存配置。

点击【高级配置】，可进行路由重发布设置和 NBMA 邻居配置，如图 3.44 所示。

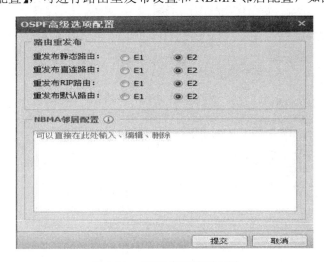

图 3.44　OSPF 高级选项配置

1) 网络配置

"网络配置"：设置设备需要发布的网段。点击【新增】，如图 3.45 所示。

图 3.45　新增网络配置

"运行网段"：设置需要的网段地址，填写格式为：IP/掩码。

"区域 ID"：设置将该网段引入到哪个区域，一般填写骨干区域的 ID。

2) 接口配置

"接口配置"显示设备在"OSPF"→"网络配置"中发布的网段对应的接口信息。如果在"OSPF"→"网络配置"下新增了 202.96.137.75/29 网段，将自动生成接口配置，如图 3.46 所示。

图 3.46　接口配置

"认证方式"：可以选择明文、MD5、不认证等方式，默认是明文认证方式。

点击接口名称，按如图 3.47 所示配置接口。

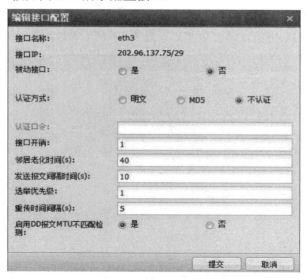

图 3.47　OSPF 接口配置

"接口名称"：在"OSPF"→"网络配置"中发布的网段对应的接口名称。

"接口 IP"：接口 IP 地址。

"被动接口"：被动接口不发送 OSPF 链路状态，配置为被动接口后，直连路由可以发布，但接口的 OSPF 报文将会被阻塞，邻居无法建立。被动接口默认选"否"。

"认证方式"：设置明文或 MD5 认证方式的口令。

"接口开销"：指定从某条链路发送报文的开销。接口开销会影响到 LSA 的 Metric，直接影响 OSPF 的选路结果，开销范围为 1~65 535，默认值为 1。

"邻居老化时间(s)"：默认失效时间为 40 s。

"发送报文间隔时间(s)"：Hello 报文的间隔时间，默认为 10 s。

"选举优先级"：优先级为 0 的路由器不会被选举成指定路由器(DR)或备份指定路由器(BDR)。DR 由本网段路由器通过 Hello 报文共同选举，设备将自己选出的 DR 写入 Hello 报文中，发给网段上其他路由器。当同一网段的两台路由器都宣布自己是 DR 时，优先级高者胜出；如果优先级也相同，Router ID 大的设备胜出。选举优先级默认值是 1。

"重传时间间隔(s)"：缺省情况下相邻路由重传 LSA 的时间间隔值为 5 s。

"启用 DD 报文 MTU 不匹配检测"：运行 OSPF 的设备在访问数据库时，使用数据库摘要(DD)报文描述自己的链路状态数据(LSDB)。默认情况下，接口发送 DD 报文时不填充 MTU 值，即 DD 报文中 MTU 值为 0。

3) 参数配置

点击"OSPF"→"参数配置"，出现如图 3.48 所示界面。

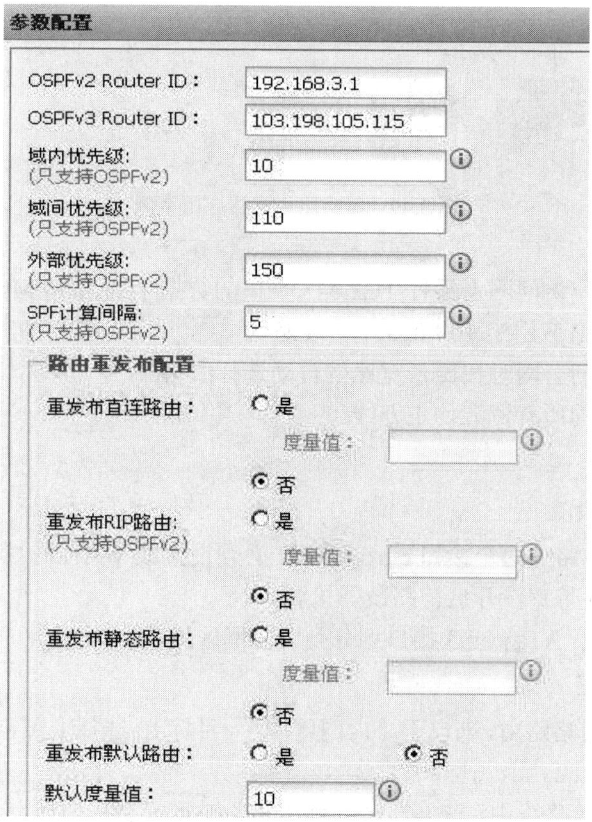

图 3.48　参数配置

4）信息显示

通过"信息显示"可以查看 OSPF 链路信息、OSPF 路由信息、OSPF 邻接关系以及 OSPF 接口信息。

### 3.2.4 SANGFOR NGAF 策略路由应用案例

#### 1. 应用案例

用户环境：某用户网络环境如图 3.49 所示，公网出口有两条电信线路，内网用户访问教育网资源必须通过专线才能访问到。

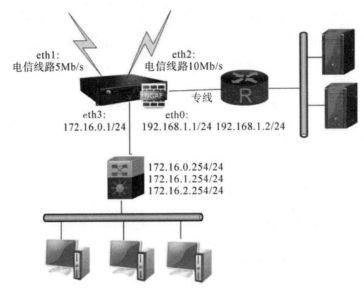

图 3.49 策略路由配置应用案例

用户需求：

- 内网所有用户访问网上银行 TCP 443 端口的数据全部走 10 Mb/s 电信线路。
- 内网所有 P2P 应用走 10 Mb/s 电信线路。
- 内网用户访问公网时按照带宽比例自动选择线路。
- 访问教育网的所有资源均走专线。

#### 2. 配置思路

1）接口和区域设置

连接公网电信线路的两个接口 eth1 和 eth2 必须设置成 WAN 属性的路由口，且正确配置下一跳网关与线路带宽，开启链路故障检测。

定义"内网区域"，将 eth3 接口划分到"内网区域"。

2）策略路由设置

• 添加源地址策略路由，来自于"内网区域"，目标 IP 选择全部，目标端口为 TCP 443 的数据，选择接口 eth2。

• 添加源地址策略路由，来自于"内网区域"，目标 ISP 为教育网，填写下一跳地址为 192.168.1.2。

- 添加源地址策略路由，来自于"内网区域"，属于 P2P 应用的选择接口 eth2。
- 添加多线路负载路由，来自于"内网区域"，目标 IP 选择全部，选择接口 eth1 和 eth2，接口选择策略为带宽比例。

3) 静态路由设置

- 添加静态路由 0.0.0.0/0.0.0.0(默认路由)，下一跳指向 eth2 接口的网关。
- 添加此默认路由是为了确保策略路由失效的情况下，内网用户还可以通过默认的静态路由访问公网。

3. 配置步骤

选择"路由"→"策略路由"→"源地址路由策略"，如图 3.50 所示。

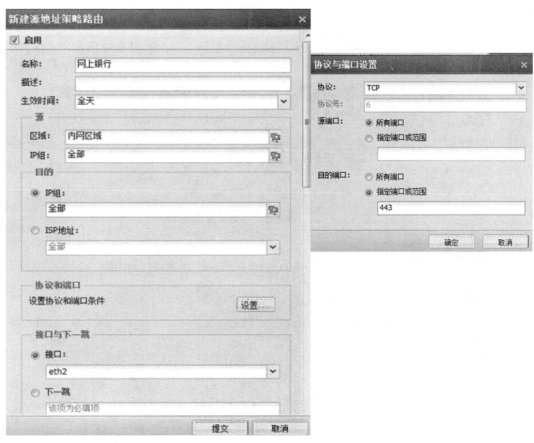

图 3.50　添加源地址策略路由

按图 3.50 中所示设置好路由后，点击【提交】按钮，然后再添加基于应用的策略路由，如图 3.51 所示。

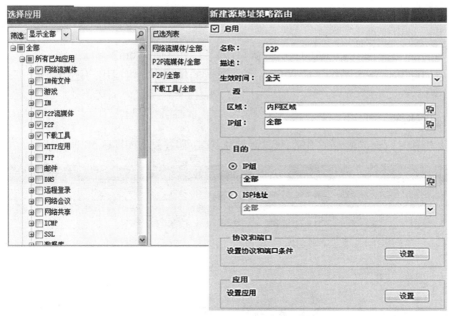

图 3.51　添加基于应用的策略路由

继续选择"路由"→"策略路由"→"多线路负载路由"，如图 3.52 所示，进行多线路负载路由配置。

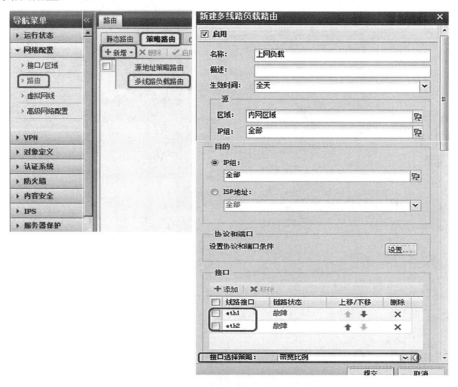

图 3.52　添加多线路负载路由

配置静态路由，如图 3.53 所示。

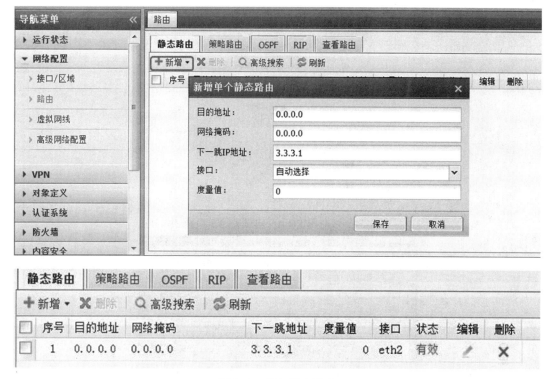

图 3.53　添加静态路由

# 3.3　常见网络环境部署

本节介绍常见网络环境部署，目的在于让读者了解在各种环境下，选择最优的部署模式，提高读者对 NGAF 的部署能力。为了让 NGAF 适应各种环境，具有良好的可扩展性，NGAF 没有单独的部署模式可以选择，其部署模式是由各个网口的属性决定的，通常可分为如下几种：

- 根据网口属性分为物理接口、子接口、VLAN 接口、聚合接口。
- 根据网口工作区域划分为 2 层区域口、3 层区域口。
- 其中物理口可选择为路由口、透明口、虚拟网线口、镜像口。

## 3.3.1　路由模式及其配置

### 1. 路由模式(LAN 对端为路由口)

路由模式是指防火墙部署在网络的出口，作为网关或类似网关设备部署在网络环境中，将内部网络的数据通过防火墙转发到 Internet 上。

★ 部署思路：

设置 LAN 口为路由口，LAN 口对端的接口可以是三层口也可以是 access 口，其部署拓扑如图 3.54 所示，其物理网口配置如图 3.55 所示。

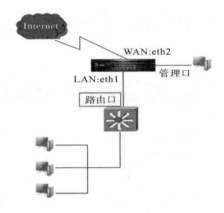

图 3.54    路由模式(LAN 对端为路由口)拓扑

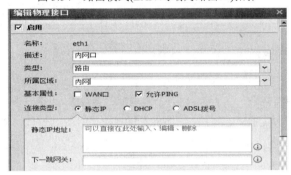

图 3.55    路由模式物理网口配置

## 2. 路由模式(LAN 对端为中继口)

★ 部署思路：

设置 LAN 口为 Trunk 口，并设置对应的 VLAN 号的 VLAN 接口，这种模式类似 3 层虚拟接口交换机。其部署拓扑如图 3.56 所示，其物理网口、VLAN 接口配置如图 3.57 所示。

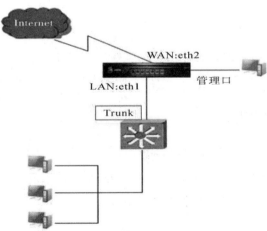

图 3.56    路由模式(LAN 对端为中继口)拓扑

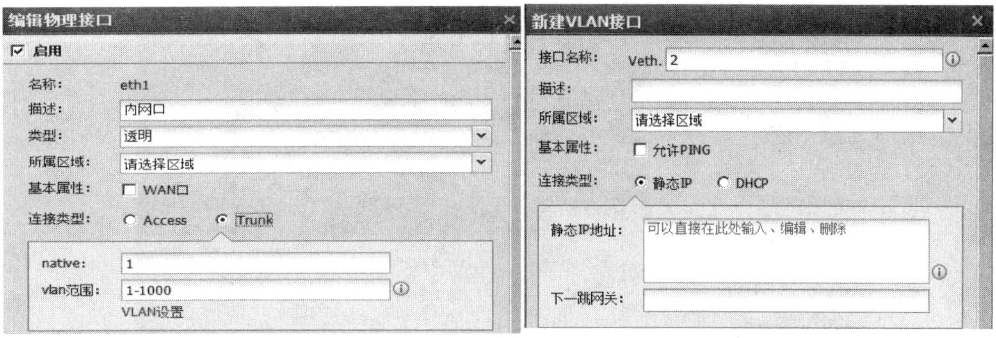

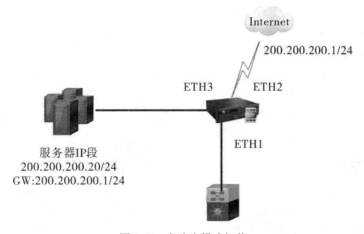

| (a)　物理网口 | (b)　VLAN 接口 |
|---|---|

图 3.57　路由模式对端为 Trunk 口的物理网口、VLAN 接口配置

### 3. 全路由模式

当内部网络中的服务器需求公网 IP(如 Web、E-mail 服务器)时，这就是全路由模式部署。

★　部署思路：

接口都配置为路由口，然后采用 ARP 代理方式实现服务器区域和公网网关的互相通讯。其部署拓扑如图 3.58 所示，其物理网口配置如图 3.59 所示，其 ARP 代理配置如图 3.60 所示。

图 3.58　全路由模式拓扑

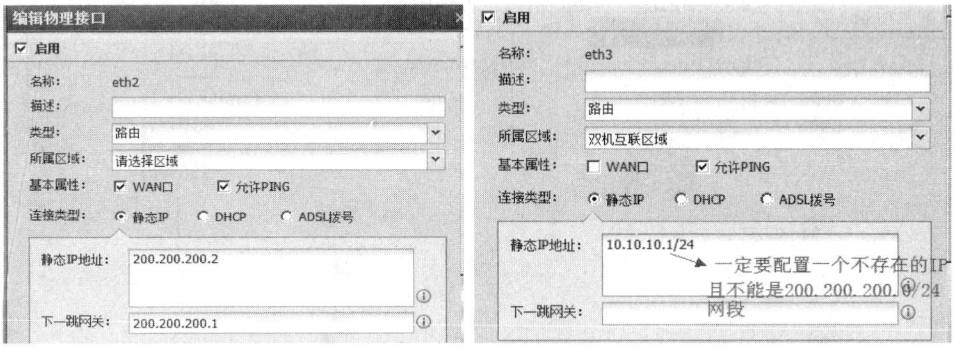

图 3.59　全路由物理接口配置

图 3.60　全路由 ARP 代理配置

## 3.3.2　透明模式及其配置

透明模式是指防火墙部署在路由器与核心交换之间，不改变原有的网络环境，NGAF 设备作为网桥透明部署在网络环境中，防火墙像二层网桥设备一样按 MAC 地址进行转发。

### 1. Access 环境

★ 部署思路：

网口设置成透明口，设置对应的 VLAN 号即可，如果线路传输的数据不包含 VLAN 标签，可选择默认的 VLAN1。

除了可以配置 eth0 作为管理口外，也可以使用新建 VLAN1 对应的 3 层口 eth1 来管理设备，需要确保 AF 的 eth1 接口的 IP 与前后端设备接口属于同网段。

其部署拓扑如图 3.61 和图 3.62 所示，其物理网口、VLAN 接口配置如图 3.63 所示。

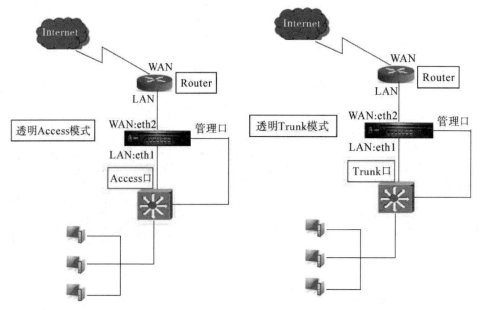

图 3.61　透明模式 Access 环境拓扑　　　　图 3.62　透明模式 Trunk 环境拓扑

 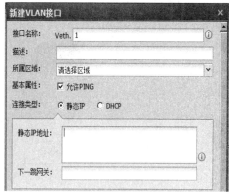

(a) 物理网口          (b) VLAN 接口

图 3.63 透明模式 Access 环境物理网口、VLAN 接口配置

### 2. Trunk 环境

如果链路是承载着多个 VLAN 的 Trunk 链路，可以采用透明 Trunk 模式部署。与应用防火墙(AF)对接的其他网络设备的接口一般也都是配置了 Trunk 模式，或者是路由子接口模式。

★ 部署思路：

把两个网口配置成 Trunk 口接口，Trunk 接口允许所有 VLAN 的报文通过；配置相对应的任何 VLAN 虚拟接口给 AF 设备，以用于管理和上网更新规则库，也可以用 manager 口。其部署拓扑与图 3.62 相同，其物理网口、VLAN 接口配置如图 3.64 所示。

(a) 物理网口          (b) VLAN 接口

图 3.64 透明模式 Trunk 环境物理网口、VLAN 接口配置

## 3.3.3 虚拟线路及其配置

虚拟网线部署是最常见的部署模式，也是适用范围最广、大量提倡的一种部署模式。

★ 部署思路：

采用虚拟网线方式部署时不需要考虑 AF 前后设备接口属性和链路属性，直接把接口配置成虚拟线路口后，配对部署即可。分配一个可用的 IP 给设备的任意一个路由口并配置默认路由，该 IP 可以用于管理设备，更新规则库，防篡改模块更新缓存等。

其部署拓扑如图 3.65 所示，其物理接口配置、虚拟网线配置如图 3.66 和图 3.67 所示。

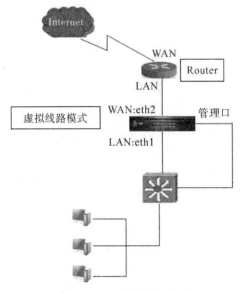

图 3.65　虚拟网线模式拓扑

图 3.66　网线物理接口配置

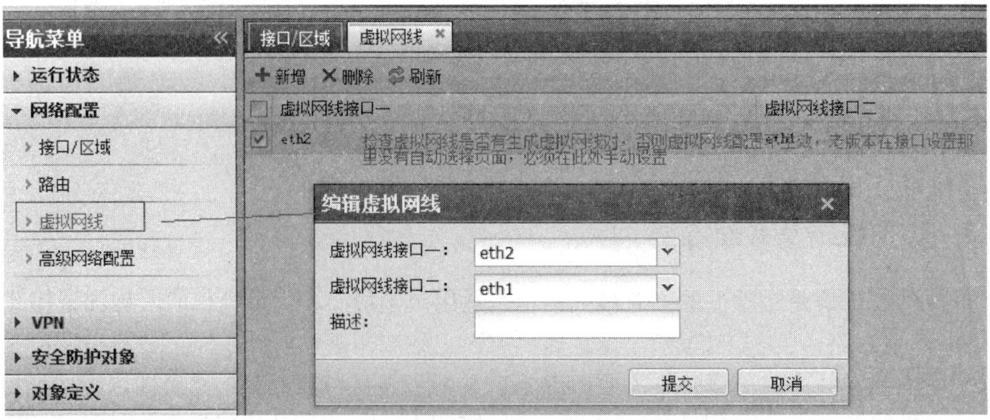

图 3.67　虚拟网线配置

### 3.3.4　旁路模式及其配置

旁路模式实现防护功能的同时，可以完全不需改变用户的网络环境，并且可以避免设备对用户网络造成中断的风险。旁路模式用于把设备接在交换机的镜像口或者接在 HUB 上，保证外网用户访问服务器的数据经过此交换机或者 HUB，并且设置镜像口的时候需要同时镜像上下行的数据，从而实现对服务器的保护。

**配置案例：**用户的网络拓扑如图 3.68 所示，NGAF 设备旁路部署，内网连接三层交换机，用户网段为 192.168.2.0/24，服务器网段为 172.16.1.0/24，客户希望 NGAF 能够对服务器进行 IPS 防护、Web 应用防护以及防止敏感信息的泄露。

**1. 旁路模式部署 AF 所支持的功能**

旁路模式部署 AF 所支持的功能有：

- APT(僵尸网络)；
- PVS(实时漏洞分析)；
- WAF(Web 应用防护)；
- IPS(入侵防护系统)；
- DLP(数据泄密防护)。

其余功能均不能实现，例如 VPN 功能、网关(SMTP/POP3/HTTP)杀毒、DoS 防御、网站防篡改、Web 过滤等都不能实现。

★　部署思路：

连接旁路口 eth3 到邻接核心交换机设备；连接管理口并配置管理 IP；启用管理口 Reset 功能。

其部署拓扑如图 3.68 所示，其物理网口配置如图 3.69 所示，其系统配置中网络参数配置如图 3.70 所示。

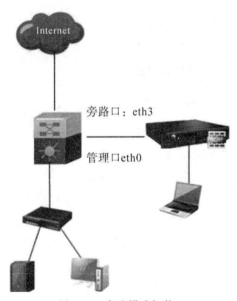

图 3.68　旁路模式拓扑

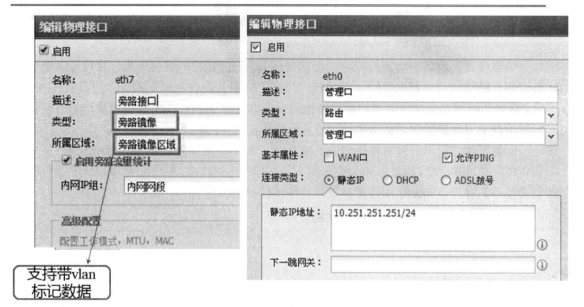

图 3.69　旁路模式物理接口配置

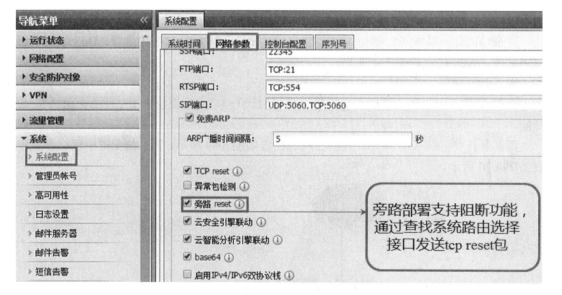

图 3.70　旁路模式网络参数配置

## 2. 旁路镜像模式所支持的流量统计功能

旁路镜像模式支持流量统计功能，具体如下：

- 旁路流量统计为接口配置内网 IP 组到非内网 IP 组的流量。
- 内网 IP 组至内网 IP 组、非内网 IP 组至非内网 IP 组流量不统计。
- 首页流量排行图包含旁路流量统计数据。
- 流量排行功能支持筛选旁路镜像口查看流量数据。

## 3. 为旁路区域配置 IPS/WAF 策略

当源区域配置为旁路镜像区域时，目的区域自动填写为所有区域；

- 目的 IP 组不能填写所有区域。

旁路区域配置 IPS 如图 3.71 所示。

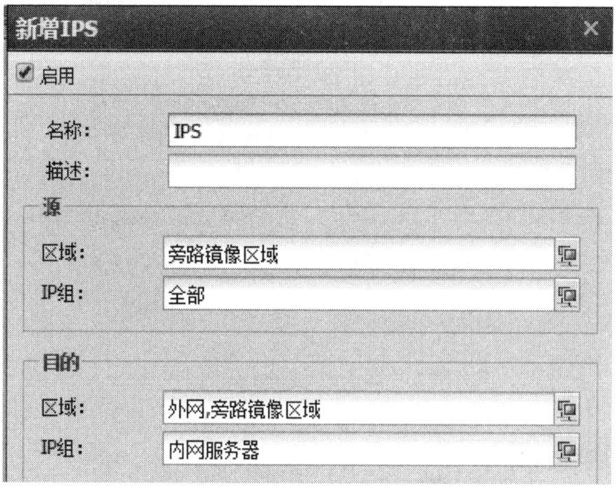

图 3.71　旁路模式 IPS 配置

### 3.3.5　混合模式及其配置

混合模式部署，主要指 AF 的各个网口，既有 2 层口，又有 3 层口的情况。特别是当 DMZ 区域服务器集群需要配置公网 IP 地址的时候，混合模式部署是比较合适的选择。

★ 部署思路：

- 服务器 eth3 和公网区域接口 eth2 配置成 2 层口，放到 2 层区域；
- 内网口 eth1 配置为路由口；
- 新建一个和 eth2 以及 eth3 对应 VLAN 的 3 层区域接口并配置公网 IP 地址，用于代理内网上网及内网区域与服务器区域、外网区域策略控制。

其部署拓扑如图 3.72 所示，其物理网口配置如图 3.73 所示。

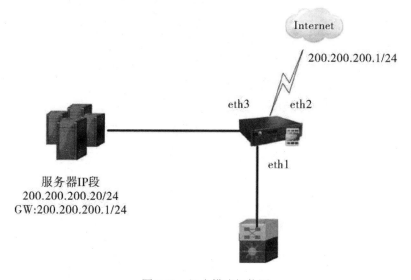

图 3.72　混合模式拓扑图

图 3.73　混合模式物理接口配置

## 3.3.6　混合模式部署案例

### 1. 应用案例

· 用户需求：某用户内网有服务器群，服务器均配置公网 IP 地址，供所有用户直接通过公网 IP 地址接入访问。内网用户使用私有地址通过 NAT 转换上网。希望将 NGAF 设备部署在公网出口的位置，保护服务器群和内网数据的安全。其拓扑如图 3.74 所示。

· 部署方式推荐：使用混合模式部署，NGAF 设备连接公网和服务器群的两个接口使用透明 Access 口，连接内网段使用路由接口。

图 3.74　混合模式部署案例拓扑

### 2. NGAF 部署思路

· 由于服务器均有公网 IP 地址，所以 AF 设备连接公网线路的接口 eth1 与连接服务器群接口 eth2 使用透明 Access 接口，并设置相同的 VLAN ID。如此即可实现所有用户通过公网 IP 直接访问服务器群。

· 新增 VLAN1 接口，分配一个公网 IP 地址。

· AF 设备与内网相连的接口 eth3 使用路由接口，设置与内网交换机同网段的 IP 地址，并设置静态路由与内网通信。

- 内网用户上网时，转换源 IP 地址为 VLAN1 接口的 IP 地址。
- 根据需求，划分一个二层区域选择网口 eth1 和 eth2；划分两个三层区域，其中"外网区域"选择 VLAN 接口 vlan1；"内网区域"选择接口 eth3。

### 3. 配置截图

设置物理接口 eth1、eth2 和 eth3，如图 3.75 所示。

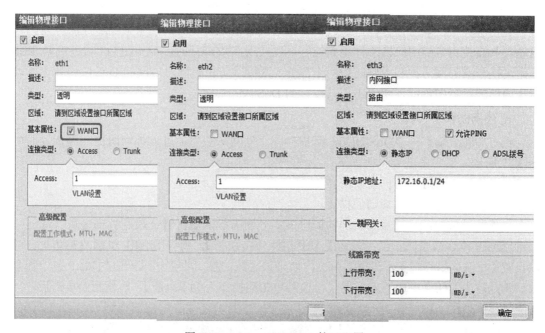

图 3.75　eth1、eth2、eth3 接口配置

设置 VLAN 接口，在 VLAN 接口下选择【新增】按钮，出现编辑 VLAN 接口界面，如图 3.76 所示。

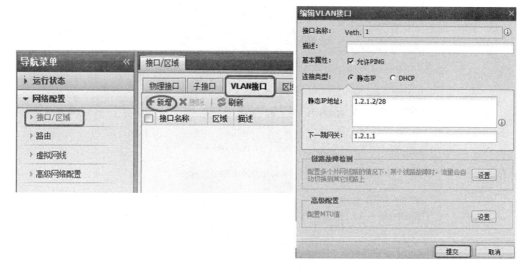

图 3.76　VLAN 接口配置

# 3.4 其他功能介绍

## 3.4.1 DoS/DDoS 防护功能介绍

DoS 攻击/DDoS 攻击(拒绝服务攻击/分布式拒绝服务攻击)通常是以消耗服务器端资源、迫使服务停止响应为目标，通过伪造超过服务器处理能力的请求数据造成服务器响应阻塞，从而使正常的用户请求得不到应答，以实现其攻击目的。SANGFOR 设备的防 DoS 攻击功能分成外网防护和内网防护两个部分，既可以防止外网对内网的 DoS 攻击，也可以阻止内网的机器中毒或使用攻击工具发起的 DoS 攻击。

### 1. 外网防护

点击"防火墙"→"DoS/DDoS 防护"→"外网防护"，进入外网防护，设置界面如图 3.77 所示。其中各选项说明如下：

"名称"：设置该防护规则的名称。

"描述"：设置对该规则的描述。

"外网区域"：设置需要防护的源区域。外网防护的源区域一般是外部区域。

"ARP 洪水攻击防护"：勾选【ARP 洪水攻击防护】，则启用 ARP 洪水攻击防护，可以设置【每源区域在值】，在每秒单位内如果该区域的接口收到超过阈值的 ARP 包，则会被认为是攻击。如果页面下方勾选了"检测攻击后操作"为【阻断】，则检测到攻击后，会丢弃超过阈值的 ARP 包。

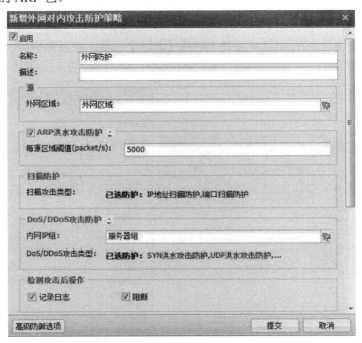

图 3.77 外网防护设置

"扫描防护"：可开启 IP 地址扫描防护和端口扫描防护，如图 3.78 所示。

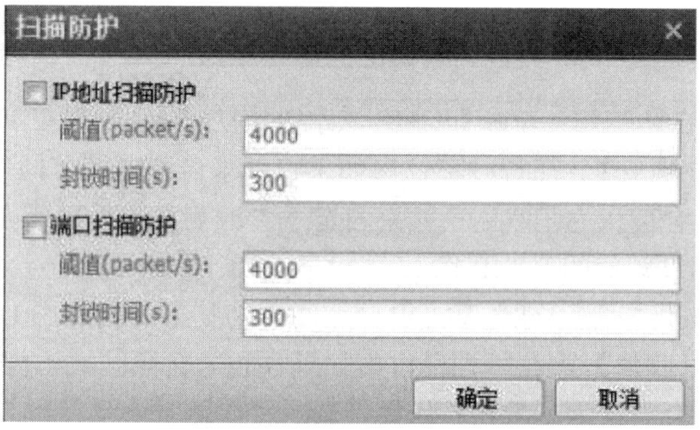

图 3.78 IP 地址扫描防护和端口扫描防护

"IP 地址扫描防护"：勾选【IP 地址扫描防护】，则启用 IP 地址扫描防护，可以设置【阈值】，在每秒单位内如果收到来自源区域的 IP 地址扫描包个数超过阈值，则会被认为是攻击。如果在页面下方勾选了"检测攻击后操作"为【阻断】，则检测到攻击后，5 分钟之内会阻断该源 IP 的所有数据。5 分钟后解锁，再次计算该 IP 的扫描次数。

"端口扫描防护"：勾选【端口扫描防护】，则启用端口扫描防护，可以设置【阈值】，在每秒单位内如果收到来自源区域的端口扫描包个数超过阈值，则会被认为是攻击。如果在页面下方勾选了"检测攻击后操作"为【阻断】，则检测到攻击后，5 分钟之内会阻断该源 IP 的所有数据。5 分钟后解锁，再次计算该 IP 的端口扫描次数。

数据包经过上述扫描后，还将进行【DoS/DDoS 攻击防护】、【基于数据包攻击】、【异常报文侦测】的各种攻击包的过滤。

"DoS/DDoS 攻击防护"：点击【请选择防护类型】，进入 DoS/DDoS 攻击防护设置界面，如图 3.79 所示。

图 3.79 DoS/DDoS 攻击防护设置

"目的 IP"：用于选择要保护的目标服务器或者服务器组，表示从外网区域过来访问该目的 IP 或者 IP 组的数据才会匹配下面设置的阈值，从而进行 DoS/DDoS 防护。目标 IP 数量应少于 200 个。

"ICMP 洪水攻击防护"：勾选【ICMP 洪水攻击防护】，则启用 ICMP 洪水攻击防护。可以设置【每目的 IP 阈值】，在每秒单位内如果收到来自源区域访问单个目的 IP 的 ICMP 包个数超过阈值，则会被认为是攻击；如果勾选了"检测攻击后操作"为【阻断】，则检测到攻击后，会丢弃超过阈值的 ICMP 包。

"UDP 洪水攻击防护"：勾选【UDP 洪水攻击防护】，则启用 UDP 洪水攻击防护。可以设置【每目的 IP 阈值】，在每秒单位内如果收到来自源区域访问单个目的 IP 的 UDP 包个数超过阈值，则会被认为是攻击；如果勾选了"检测攻击后操作"为【阻断】，则检测到攻击后，会丢弃超过阈值的 UDP 包。

"SYN 洪水攻击防护"：勾选【SYN 洪水攻击防护】，则启用 SYN 洪水攻击防护。当每秒单位内收到来自源区域访问单个目的 IP 的 SYN 包个数超过【每目的 IP 激活阈值】时，则会启动 SYN 代理以保护内网服务器；当每秒单位内收到来自源区域访问单个目的 IP 的 SYN 包个数超过【每目的 IP 丢包阈值】时，则直接丢弃后续的 SYN 包；当检测到每秒单位内收到来自源区域的某个源地址发送到目的 IP 或 IP 组的 SYN 包超过【每源 IP 阈值】时，则认为该源地址是攻击源，会丢弃超出阈值的 SYN 包。

"DNS 洪水攻击防护"：勾选【DNS 洪水攻击防护】，则启用 DNS 洪水攻击防护。可以设置【每目的 IP 阈值】，在每秒单位内如果收到来自源区域访问单个目的 IP 的 DNS 包个数超过阈值时，则会认为是攻击。如果勾选了"检测攻击后操作"为【阻断】，则检测到攻击后，会针对所有发往该目的 IP 的 DNS 包进行丢弃。

最后点击【确定】，完成 DoS/DDoS 防护设置，同时继续设置其他防护项，如图 3.80 所示。

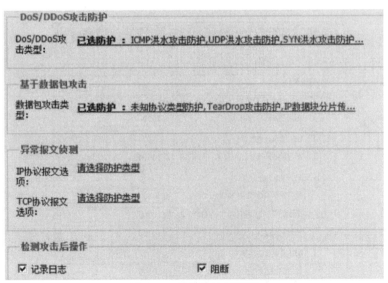

图 3.80　其他防护项设置

"基于数据包攻击"：点击【请选择防护类型】，进入基于数据包攻击设置页面，如图 3.81 所示。

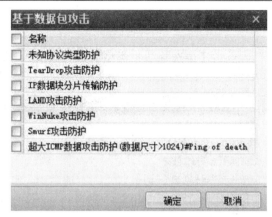

图 3.81　基于数据包攻击设置

"未知协议类型防护"：勾选【未知协议类型防护】，则启用未知协议类型防护。当协议 ID 大于 137 时会被认为是未知协议类型。

"TearDrop 攻击防护"：勾选【TearDrop 攻击防护】，则启用 TearDrop 攻击防护。TearDrop 攻击防御主要是严格控制 IP 头的分片偏移的长度，当 IP 头分片偏移不符合规范时，则认为是 TearDrop 攻击。

"IP 数据块分片传输防护"：勾选【IP 数据块分片传输防护】，则表示默认不允许 IP 数据块分片传输，若有分片传输则认为是攻击。

"LAND 攻击防护"：勾选【LAND 攻击防护】，则启用 LAND 攻击防护。当设备发现数据报文的源地址和目标地址相同时，则认为此报文为 LAND 攻击。

"WinNuke 攻击防护"：勾选【WinNuke 攻击防护】，则启用 WinNuke 攻击防护。当 TCP 头部标识 URG 位置为 1，且目标端口是 TCP139、TCP445 等时，则此报文为 WinNuke 攻击。

"Smurf 攻击防护"：勾选【Smurf 攻击防护】，则启用 Smurf 攻击防护。当设备发现数据包的回复地址为网络的广播地址的 ICMP 应答请求包时，则认为是 Smurf 攻击。

"超大 ICMP 数据攻击防护"：勾选【超大 ICMP 数据攻击防护】，则当 ICMP 报文大于 1024 时，被认为是攻击。

点击【确定】，保存基于数据包攻击的设置，可以继续设置其他外网防护选项，进入异常报文侦测设置，如图 3.82 所示。

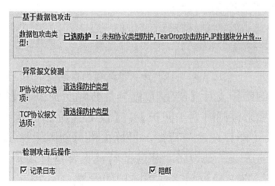

图 3.82　异常报文侦测设置

"异常报文侦测"：设置对异常数据报文的侦测，主要侦测 IP 协议报文和 TCP 协议报文。

"IP 协议报文选项"：点击【请选择防护类型】，可以进入 IP 协议报文选项设置页面，如图 3.83 所示。

图 3.83　IP 协议报文选项设置

IP 报文通常可包含 IP 时间戳选项、IP 安全选项、IP 数据流选项、IP 记录路由选项、IP 宽松源路由选项、IP 严格源路由选项等，普通的 IP 报文一般不会携带这些额外的选项，带此类选项的 IP 报文通常以攻击为目的，如果不允许数据报文携带这些选项，则勾选对应的选项即可进行防护。

如果不允许 IP 报文中携带除上述所列选项之外的其他未知 IP 报文选项，则勾选【错误的 IP 报文选项防护】。

点击【确定】，保存 IP 协议报文选项的防护设置。

"TCP 协议报文选项"：点击【请选择防护类型】，进入 TCP 协议报文选项设置页面，如图 3.84 所示。

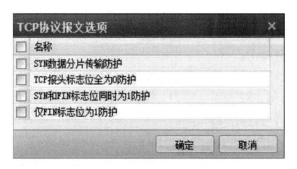

图 3.84　TCP 协议报文选项设置

TCP 协议报文选项的防护支持【SYN 数据分片传输防护】、【TCP 报头标志位全为 0 防护】、【SYN 和 FIN 标志位同时为 1 防护】、【仅 FIN 标志位为 1 防护】。一般情况下，正常的 TCP 报文标识不可能存在这些特征，目标主机可能因无法正常处理这些 TCP 报文而出现异常，勾选对应的选项，则设备对相应的特征报文进行防护。

点击【确定】，保存 TCP 协议报文选项防护的设置。

将需要检测的各项外网防护设置好，最后设置检测攻击后进行的操作，如图 3.85 所示。

图 3.85　检测到攻击后进行的操作设置

选择【记录日志】则对于检测到的攻击仅记录日志，不进行阻断。如果需要同时阻断攻击数据包，则可以勾选【阻断】。

最后点击【提交】，保存外网防护设置。

可以点击【新增】，继续添加其他的外网防护策略。

如果需要修改已设置的外网防护策略，则可以点击相应的【名称】进行编辑。勾选上需要修改的规则，可以点击【删除】来删除掉该策略。点击【启用】可以把规则状态改为启用。点击【禁用】则把规则状态改为禁用。点击【上移】或者【下移】，则可以对规则的序号进行调整。在进行规则匹配的时候，序号靠前的规则会先被匹配到。

## 注意

- 数据包匹配是由上往下匹配的，当匹配到任何一个攻击行为被丢弃之后，都不会往下匹配。如果数据包没有匹配到前面的攻击，则会继续匹配下面设置的攻击行为看是否符合规则。
- 设置了扫描防护，最好再设置 DoS/DDoS 攻击防护里的 ICMP 攻击防护等信息。这个主要是由黑客的攻击行为特征决定的。黑客的入侵一般情况下是首先扫描 IP 地址是否存在，如扫描到 IP，然后是扫描端口。当扫描到 IP 和端口之后，则会进行下一步攻击行为。也有一些黑客本来就知道 IP 和端口，不需要扫描，直接发起攻击行为。所以最好是两处都进行设置，才能有效地防范攻击行为。

### 2. 内网防护

点击 "防火墙" → "DoS/DDoS 防护" → "内网防护"，进入内网防护，设置界面如图 3.86 所示。

"源区域"：内网防护的源区域一般是内部区域。

"源地址过滤"：可以设置哪些网段的 IP 地址允许经过防火墙。如果选择了 "仅允许以下 IP 地址数据包通过"，则只有设置的 IP 段的数据包才能经过设备，其余的 IP 段数据包将直接被防火墙丢弃。

"部署环境选择"："内网通过二层交换设备与本机直接相连(不跨越三层)"，此选项一般建议不要选择。当设备和内网之间是通过二层交换机直接相连的，没有经过任何三层设备或路由器时，可以勾选此选项，但此选项也不是必须要勾选的。设备默认情况下是根据 IP 检测攻击的，勾选此选项则设备会根据 MAC 检测攻击。内网是三层环境不能勾选的原因是：内网数据在经过三层交换机或路由器以后，数据包的源 MAC 会修改成三层设备的MAC，可能导致设备封掉三层设备的 MAC，从而内网上网的数据都会被丢弃。

"排除地址设置"：对填入列表中的 IP 地址不进行 DoS 防御，比如内网有一台向公网提供服务的服务器，并且提供给公网的连接较多，此时建议将服务器的地址排除，避免被 DoS 防御认为是非法的。

"TCP 最大连接数"：限制每个 IP 地址在一分钟内向同一目标 IP 的同一端口可发起的最大 TCP 连接数，如超过设定的值则把该 IP 封锁指定的时间。

"最大攻击包次数"：限制每台主机在一秒钟内可发送的最大攻击包次数(攻击包种类包括 SYN、ICMP 以及 TCP/UDP 的小包)，如超过设定的数值则把该 IP 或 MAC 封锁指定的时间。

"封锁攻击时间(分)"：设置设备在检测到攻击以后对攻击主机的封锁时间，以分钟为单位。

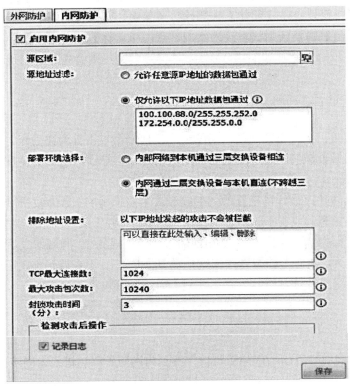

图 3.86　内网防护页面

## 3.4.2　连接数控制

连接数控制是为了保证网络设备的性能，用于限制单个 IP 在同一时刻内并发连接到服务器等设备上的最大会话数。分为"源 IP 连接数控制"和"目的 IP 连接数控制"。

"源 IP 连接数控制"：设置单 IP 的最大并发连接数。当内网使用 P2P 下载等应用时，在短时间内会发送很多连接，影响网络设备的性能，此时可以使用"连接数控制"来限制单 IP 的最大连接数，减少网络损耗。

"目的 IP 连接数控制"：针对目标 IP 控制并发连接数。

### 1. 源 IP 连接数控制配置

进入连接数控制页面，点击"新增"，选择"新增源并发连接数限制"，如图 3.87 所示。

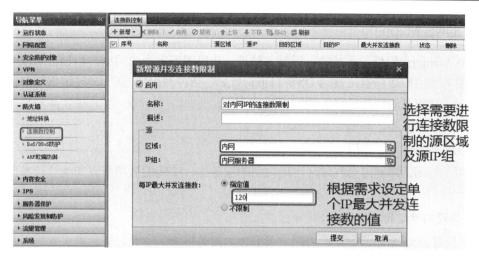

图 3.87　新增源并发连接数限制

点击【提交】按钮后，显示配置结果，如图 3-88 所示。

| 序号 | 名称 | 源区域 | 源IP | 目的区域 | 目的IP | 最大并发连接数 | 状态 | 删除 |
|---|---|---|---|---|---|---|---|---|
| 1 | 对内网IP的连接数… | 内网 | 内网服务器 10.1.1.1 | - | - | 120 | ✓ | ✕ |

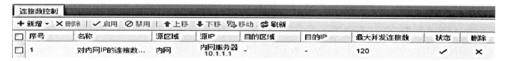

图 3.88  通过源 IP 控制连接数限制

## 2. 目的 IP 连接数控制配置

进入连接数控制页面，点击“新增”，选择“新增目的并发连接数限制”，如图 3.89 所示。

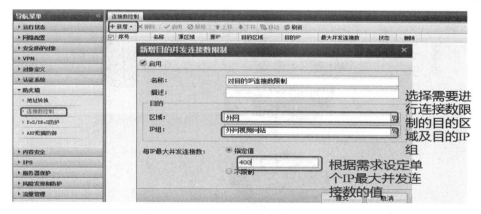

图 3.89　新增目的并发连接数限制

点击【提交】按钮后弹出如图 3.90 所示窗口。

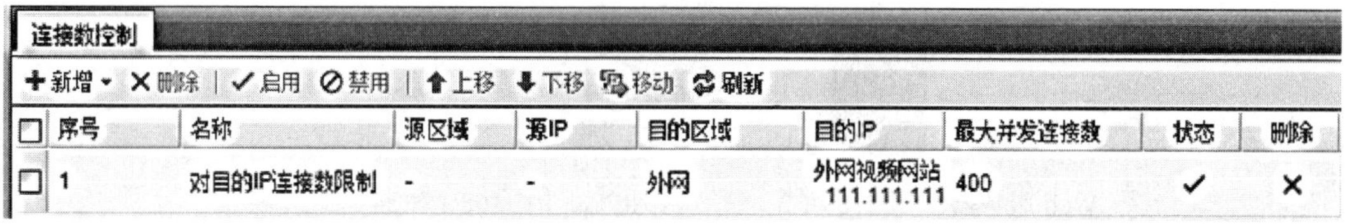

| 序号 | 名称 | 源区域 | 源IP | 目的区域 | 目的IP | 最大并发连接数 | 状态 | 删除 |
|---|---|---|---|---|---|---|---|---|
| 1 | 对目的IP连接数限制 | - | - | 外网 | 外网视频网站 111.111.111 | 400 | ✓ | ✕ |

图 3.90　通过目的 IP 控制连接数限制

### 3.4.3　DNS Mapping

DNS Mapping 即域名系统映射或域名转址,其应用场景为内网用户通过公网域名访问内网的服务器的应用场景。设置 DNS Mapping 后,当内网用户发送 DNS 请求的时候,防火墙设备主动将域名解析成服务器的内网 IP 地址,返回给客户端,客户端实际是直接访问服务器的内网 IP,没有经过规则转换。

#### 1. DNS Mapping 作用

应用于内网用户通过公网域名访问内网的服务器,实现的效果与双向地址转换的规则一样。

#### 2. 与双向地址转换的区别

(1) 设置 DNS Mapping 后,内网访问服务器的数据将不会经过防火墙设备,而是直接访问服务器内网的 IP。双向地址转换则是让所有数据都会经过防火墙去访问。所以通过 DNS Mapping 可以减轻防火墙的压力。

(2) DNS Mapping 的设置方法比双向转换规则简单。不涉及区域、IP 组、端口等设置,但要求客户端访问时必须使用域名去解析。

(3) DNS Mapping 不支持一个公网 IP 映射到多台内网服务器的情况,而双向地址转换功能则没有此限制。

#### 3. DNS Mapping 配置案例

DNS Mapping 配置案例拓扑如图 3.91 所示。

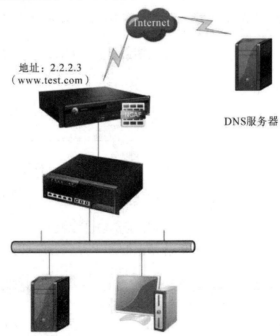

图 3.91　DNS Mapping 配置拓扑

其配置步骤如下：

(1)　PC 向 DNS 服务器请求 www.test.com 的 IP，DNS 服务器返回的 IP 是 2.2.2.3；

(2)　AF 修改 DNS 回复包地址，改成 192.168.1.2；

(3)　PC 直接访问 192.168.1.2。

### 3.4.4　ARP 欺骗防御

ARP 欺骗是一种常见的内网病毒，中病毒的电脑会不定时地向内网发送 ARP 广播包，使内网机器的正常通信受到干扰和破坏，严重时会导致整个网络通信中断。

AF 设备的 ARP 欺骗防御通过不接受有攻击特征的 ARP 请求或回复来保护设备本身的 ARP 缓存，实现设备对 ARP 欺骗的自身防御。同时，设备将定时广播自己的 MAC 地址给内网用户，以防止欺骗主机伪装成网关 MAC 欺骗内网用户，其配置如图 3.92 所示。

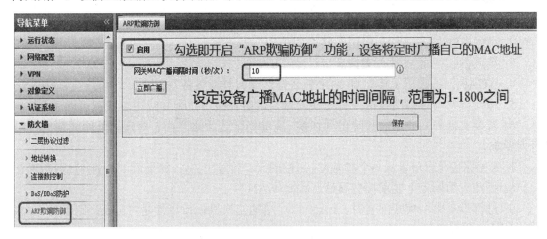

图 3.92　ARP 欺骗防御

 注意

- 当同时做了 DNS Mapping 和双向地址转换时，若用户端以域名访问服务器，则 DNS Mapping 生效；若用户端以 IP 访问服务器，则双向地址转换生效。
- 【ARP 欺骗防御】中，"网关 MAC 广播"只会广播设备非 WAN 属性接口的 MAC，如果需要定期广播 WAN 接口的 MAC 地址，则需开启"免费 ARP"功能。在【系统】→【系统配置】→【网络参数】中，勾选"免费 ARP"。如图 3.93 所示。

图 3.93　开启免费 ARP

本章介绍了新一代防火墙具备的主要功能，重点讲述了防火墙的网络基本配置，包括物理接口、子接口、Vlan 接口、聚合接口以及区域的配置，静态路由、策略路由的应用场景配置，路由部署的各种模式及其配置。最后对防火墙的其他功能如 DoS/DDoS、连接数控制、DNS Mapping、ARP 欺骗防御进行了介绍，并介绍了其相关配置。

## ◀◀ 练 习 题 ▶▶

**简答题**

1. 请说出 NGAF 设备支持的部署模式有哪些。

2. 请问 FTP 隐藏有什么作用？其原理是什么？

3. 请问 NGAF 设备是否支持病毒过滤功能？

4. NGAF 设备忘记了接口 IP 地址怎么办？如何登录设备？

5. 透明接口与虚拟网线接口有何共同点？这两种接口在哪些应用场景下可以通用？

6. 若要实现外网线路的故障自动切换，需如何配置策略路由？对连接外网线路的接口有何要求？

7. 策略路由是否可以从一个非 WAN 属性的接口转发出去？ 如果可以，请问如何配置？

8. 哪些应用场景下要求接口属性必须是 WAN？

9. 进行设备路由模式部署时，LAN 口对端的交换机端口属性是 Trunk，则设备 LAN 有哪几种配置方式？

10. 简单描述一下混合模式各个接口的配置。

11. 虚拟线路部署配置接口时的注意事项有哪些？

# *Chapter 4*

# 第 4 章　VPN 互联技术

◆ **学习目标：**

◯ 掌握 NGAF 设备建立 DLAN VPN 互联，并用 NGAF 设备实现 DLAN 多线路功能的条件及其配置；

◯ 掌握 NGAF 设备与第三方设备建立标准 IPSec VPN 互联的条件及其配置；

◯ 了解 NGAF 设备 SSL VPN 的基本原理及其配置。

◆ **本章重点：**

◯ NGAF 设备建立 DLAN VPN 互联、NGAF 设备实现 DLAN 多线路功能的条件及其配置；

◯ NGAF 设备与第三方设备建立标准 IPSec VPN 互联的条件及其配置。

◆ **本章难点：**

◯ NGAF 设备建立 DLAN VPN 互联、NGAF 设备实现 DLAN 多线路功能的条件及其配置；

◯ NGAF 设备与第三方设备建立标准 IPSec VPN 互联的条件及其配置。

◆ **建议学时数：8 学时**

VPN 叫做虚拟专用网络，虚拟专用网络的功能是：在公用网络上建立专用网络，进行加密通信。VPN 网关通过对数据包的加密和数据包目标地址的转换实现远程访问。这种技术在现在的企业当中具有非常广泛的应用，是新一代防火墙技术中需要大家重点掌握的内容。

例如：某公司总部在北京，在深圳、重庆有两个分公司，公司要求总部和分公司之间实现安全通信，这样就需要 VPN 去解决这个问题。让外地员工访问到内网资源，利用 VPN 的解决方法就是在内网中架设一台 VPN 服务器。外地员工在当地连上互联网后，通过互联网连接 VPN 服务器，然后通过 VPN 服务器进入企业内网。为了保证数据安全，VPN 服务器和客户机之间的通信数据都进行了加密处理。有了数据加密，就可以认为数据是在一条专用的数据链路上进行安全传输的，就如同专门架设了一个专用网络一样，但实际上 VPN

使用的是互联网上的公用链路,其实质就是利用加密技术在公网上封装出一个数据通信隧道。有了 VPN 技术,用户无论是在外地出差还是在家中办公,只要能上互联网就能利用 VPN 访问内网资源,这就是 VPN 在企业中应用如此广泛的原因。

# 4.1　NGAF DLAN 互联原理及其基本配置

DLAN 是深信服公司自己的私有协议,用来搭建 VPN。DLAN 的实现原理与标准 IPSec VPN 的原理基本是一致的,它的优点是配置简单,数据传输的效率比标准 IPSec VPN 高,但是它又存在跟其他厂商兼容性的问题。

## 4.1.1　DLAN 常用术语

下面介绍 DLAN 中常用的一些术语。

### 1. DLAN 总部、DLAN 分支与 DLAN 移动

DLAN 总部、DLAN 分支、DLAN 移动的概念如图 4.1 所示。

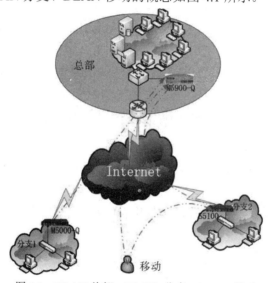

图 4.1　DLAN 总部、DLAN 分支、DLAN 移动

DLAN 总部要求网络位置是固定的,是指总公司所在的网络,一般要求外网有固定的公网 IP 或者通过 Webagent 技术能够识别到外网的 IP 地址。

DLAN 分支一般要求网络位置也是固定的,是指分公司所在的网络,一般要求外网有固定的公网 IP。

DLAN 移动指的是网络位置不固定,例如在家里办公或者在外地出差的员工办公,这时公网的 IP 一般不固定。

### 2. Webagent 寻址

Webagent 寻址技术叫做动态地址寻址技术,它可以让分支或者移动人员通过 Webagent 服务器动态寻找到总部的公网 IP 地址,其基本原理如图 4.2 所示。

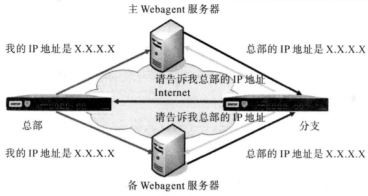

图 4.2　Webagent 寻址原理

**注意**：Webagent 寻址过程中，所有信息都是经过 DES 加密过的。

### 3. 直连与非直连

· 直连：即我们的设备本身有公网 IP 或者有能够被从公网访问的到设备的连接。例如以下几种情况可以被称为直连：设备 Wan 口直接接光纤或者拨号，本身就有公网 IP 或者设备放在企业内网，但是从前面的防火墙或者路由器做了 TCP 4009 的端口映射给我们的设备。

· 非直连：即我们的设备本身没有公网 IP 或者无法从公网去访问我们的设备。常见的情况是设备放在企业的内网，能够上网，但是前面防火墙或者路由器没有做端口映射给我们的设备，这样的设备称为非直连设备。

**注意**：深信服的防火墙设备之间要能正常互相连接 VPN，则要求至少保证一端为直连。

### 4. 虚拟网卡、虚拟 IP 与虚拟 IP 池

虚拟网卡的概念：

· 只在移动 PDLAN 上生成；
· 承载虚拟 IP 地址；
· 操作系统需添加本地路由。

虚拟 IP、虚拟 IP 池的概念：

· 由总部端设定虚拟 IP 池范围；
· 虚拟 IP 分配到移动 PDLAN 上。

**注意**：虚拟网卡、虚拟 IP、虚拟 IP 池只有在 DLAN 移动模式下才可使用，这时移动用户需要使用 VPN 客户端连入总部的 VPN。

## 4.1.2　DLAN VPN 互联原理及其基本配置

### 1. DLAN 互联的基本条件

(1) 至少有一端作为总部，且有足够的授权(硬件与硬件之间互连不需要授权)。如果 VPN 两端用的都是深信服的防火墙，则不需要授权，如果用了第三方设备，则需要深信服的授权。

(2) 建立 DLAN 互联的两个设备路由可达，且至少有一个设备的 VPN 监听端口能被对

端设备访问到。

(3) 建立 DLAN 互联两端的内网地址不能冲突。

(4) 建立 DLAN 互联两端的版本需匹配(AF 所有版本 VPN 模块均为 DLAN 4.32)。

以上这四点非常重要，是设备能否进行 DLAN 互联的前提条件。

### 2. DLAN 互联的部署模式

NGAF 仅支持作为网关(路由)模式或者单臂模式的 SANGFOR VPN 对接的部署模式。标准的第三方 IPSec 互联仅在网关模式部署下支持。网桥透明模式、虚拟线路模式和旁路模式都不支持 VPN 功能。

**注意：** 这里的单臂模式就是我们前面第 3 章介绍的混合模式。

路由(网关)模式如图 4.3 所示。

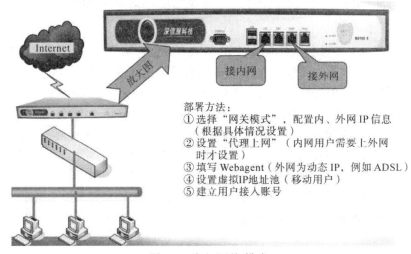

**部署方法：**
① 选择"网关模式"，配置内、外网 IP 信息（根据具体情况设置）
② 设置"代理上网"（内网用户需要上外网时才设置）
③ 填写 Webagent（外网为动态 IP，例如 ADSL）
④ 设置虚拟IP地址池（移动用户）
⑤ 建立用户接入账号

图 4.3　路由(网关)模式

单臂模式如图 4.4 所示。

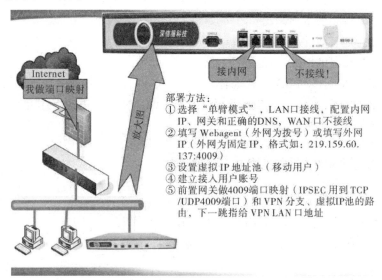

**部署方法：**
① 选择"单臂模式"，LAN口接线，配置内网 IP、网关和正确的DNS，WAN 口不接线
② 填写 Webagent（外网为拨号）或填写外网 IP（外网为固定IP，格式如：219.159.60. 137:4009）
③ 设置虚拟 IP 地址池（移动用户）
④ 建立接入用户账号
⑤ 前置网关做4009端口映射（IPSEC 用到 TCP /UDP4009端口）和 VPN 分支、虚拟IP池的路由，下一跳指给 VPN LAN 口地址

图 4.4　单臂模式

### 3. 基本配置过程

下面我们来学习 SANFOR DLAN VPN 的基本配置过程，首先我们要明确 DLAN VPN 建立的过程，大概步骤分为如下三步：

(1) 寻址：与谁建立连接(找到对方) ——寻址(Webagent 设置)；

(2) 认证：身份验证(提交正确、充分的信息)——账号密码、Dkey、硬件鉴权、第三方认证；

(3) 策略：(下发)选路策略、权限策略、VPN 路由策略、安全策略(移动用户)、VPN 专线(移动用户)、分配虚拟 IP(移动用户)。

总部与分支或移动人员正常建立 VPN 连接的基本配置如下：

(1) DLAN 总部：需要配置 Webagent、虚拟 IP 池(非必配)、用户管理。请分别在"VPN 信息设置"菜单下选择"基本设置"→"虚拟 IP 池"→"用户管理"进行相关配置，如图 4.5 至图 4.7 所示。

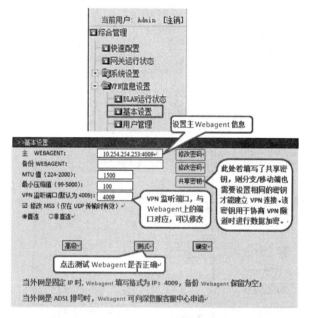

图 4.5　DLAN 总部的 Webagent 配置

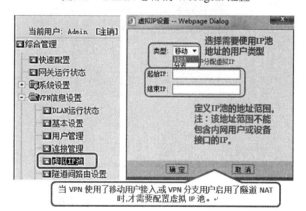

图 4.6　虚拟 IP 地址的配置

图 4.7　VPN 用户配置

(2) DLAN 分支：只需配置连接管理。请在"VPN 信息设置"菜单下选择"连接管理"，如图 4.8 所示。

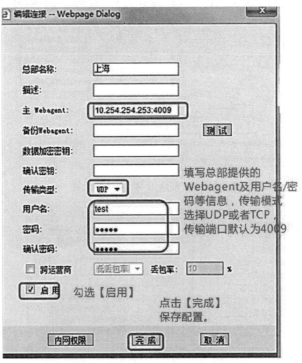

图 4.8　连接管理配置

(3) DLAN 移动：安装 DLAN 移动端软件，配置基本设置与主连接参数设置。首先需要在客户端下载和安装 DLAN 移动端软件，然后进行基本配置与管理配置，如图 4.9 所示。

 在深信服官方网站上下载与总部版本对应的 PDLAN 移动客户端，双击进行安装。

 安装完成后，在桌面和开始-程序中自动生成 SANGFOR 移动控制台图标，双击即可打开 PDLAN 移动控制台。

图 4.9　在客户端下载和安装 DLAN 移动端软件

在 VPN 设置菜单中，选择"基本设置"，然后按图 4.10 所示进行配置。

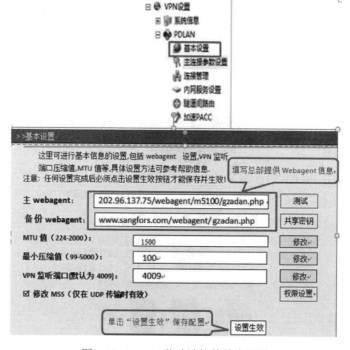

图 4.10　DLAN 移动端软件基本配置

在 VPN 设置菜单中，选择"连接参数设置"，然后按图 4.11 所示进行配置。

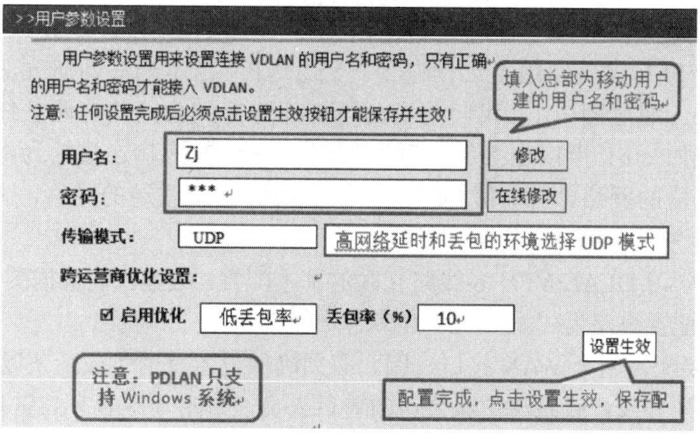

图 4.11　DLAN 移动端软件用户管理配置

至此，SANGFOR DLAN VPN 的基本配置讲述完毕，这里初学者应该注意，前面所学的接口配置、区域配置以及策略路由(静态路由)配置是必须要配置的，这里未做重复的截图。

### 4.1.3    DLAN VPN 多线路互联原理及其基本配置

DLAN VPN 多线路互联的原理与前面讲解的单线路互联是一致的，只不过它们的部署模式不同，DLAN VPN 多线路互联的配置与单线路的配置也稍有不同，这里我们只研究两种配置方式中不同的地方。

DLAN VPN 多线路互联是指在 VPN 的一端或者两端连接公网的线路不止一条，这样可以增强网络的可靠性，但是我们需要考虑每条线路的流量以及是否需要负载均衡。DLAN VPN 多线路互联如图 4.12 所示。

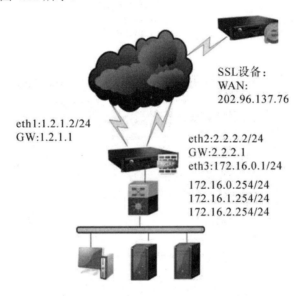

图 4.12    DLAN VPN 多线路互联

在图 4.12 中，公司总部在公网出口部署了一台 NGAF 设备，用于保护内网服务器和用户上网的安全，内网用户和服务器网段为 172.16.1.0～172.16.2.0/24。分公司公网出口部署了一台 SSL 设备，用于远程办公。SSL VPN 是本书后面研究的内容，在这里不做过多的阐述。通过图 4.12 我们发现公司总部连接到公网共有两条线路，这就是所谓的多线路。假如 eth1 接口连接的为联通的网络，eth2 接口连接的为电信的网络，公司平常上网用电信的网络，当电信网络出故障时我们使用联通的网络，这样可以增强网络的可靠性。

下面我们来学习 DLAN VPN 多线路互联的基本配置，这里我们根据图 4.12 进行配置。NGAF 设备上的配置思路为：

(1) 由于需要配置两个 WAN 接口，因此必须确保设备有两条或两条以上线路的授权，线路授权需要序列号或者联系深信服公司的售后人员。如图 4.13 所示，这里与单线路的配置不同，大家要注意。

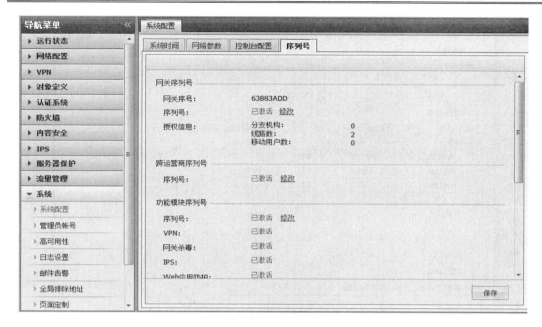

图 4.13　两条线路的授权

(2) 物理接口设置：将 eth1、eth2、eth3 设置成路由接口，且 eth1 和 eth2 设置为 WAN 属性，eth3 设置为非 WAN 属性。(配置过程省略)

(3) 静态路由设置：目标地址为 172.16.1.0～172.16.2.0/24，下一跳为 172.16.0.254。(配置过程省略)

(4) 区域设置：设置内网和外网区域，内网区域添加 eth3 口，外网区域添加 eth1 口和 eth2 口(此处设置与 VPN 互联无关，可选择配置，配置过程省略)。

(5) VPN 设置：设置【基本设置】、【用户管理】、【外网接口设置】、【多线路选路策略】和【本地子网列表】。这里我们只研究多线路选路策略的配置，如图 4.14 和图 4.15 所示。

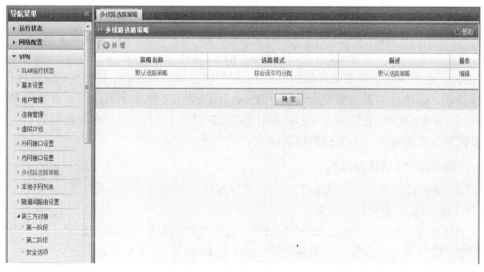

图 4.14　多线路选路策略

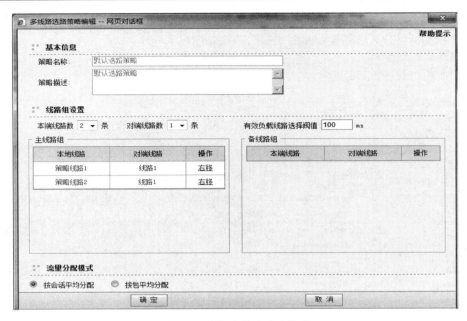

图 4.15　编辑多线路选路策略

到此，DLAN VPN 多线路互联配置即告完成。

# 4.2　NGAF 标准 IPSec 互联原理及其配置

## 4.2.1　IPSec VPN 的原理

前面我们提过 SANGFOR 新一代防火墙 IPSec VPN 互联一般采用深信服的私有协议 DLAN，因为 DLAN 有 IPSec 不可比拟的优点，例如：效率高，配置简单。但是，既然是私有协议，说明其他厂商的设备有可能不兼容，所以下面我们要去研究 SANGFOR 防火墙与其他厂商(不兼容 DLAN)设备互联时采用标准 IPSec 互联的原理以及基本配置。

首先我们要理解一下 IPSec VPN 的原理，RFC 2401 描述了 IPSec(IP Security) 的体系结构，IPSec 是一种网络层安全保障机制，IPSec 可以实现访问控制、机密性、完整性校验、数据源验证、拒绝重播报文等安全功能，IPSec 可以引入多种验证算法、加密算法和密钥管理机制，IPSec VPN 是利用 IPSec 隧道实现的 L3 VPN，IPSec 也具有配置复杂、消耗运算资源较多、增加延迟、不支持组播等缺点。

### 1. IPSec VPN 的体系结构

IPSec VPN 的体系结构包含安全协议、工作模式、密钥管理三部分。

(1) 安全协议：负责保护数据。

· AH 协议：AH(Authentication Header)，提供数据的完整性校验和源验证，不能提供数据加密功能，可提供有限的抗重播能力。AH 用 IP 协议号 51 来标识。

· ESP 协议：ESP(Encapsulating Security Payload)，可提供数据的机密性保证，可提

供数据的完整性校验和源验证，还可提供一定的抗重播能力。ESP 用 IP 协议号 50 来标识。

(2) 工作模式：传输模式和隧道模式。

• 传输模式：实现端到端保护。

• 隧道模式：实现站点到站点保护。

(3) 密钥管理：手工配置密钥，通过 IKE 协商密钥。

**2. 传输模式和隧道模式**

从图 4.16 和 4.17 中可以看出传输模式是在站点到站点之间建立 IPSec，隧道模式是在端到端之间建立 IPSec，一般后者用得较多。

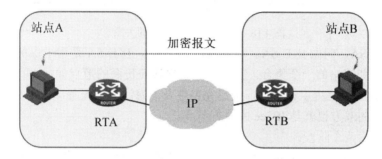

图 4.16　IPSec 传输模式

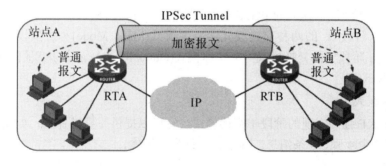

图 4.17　IPSec 隧道模式

**3. IPSec SA**

SA(Security Association，安全联盟)：由一个三元组(SPI、IP 目的地址、安全协议标识符)唯一标识，决定了对报文进行何种处理。IPSec SA 主要管理协议、算法、密钥三部分，每个 IPSec SA 都是单向的，可以通过手工建立或者 IKE 协商生成。所以 IPSec SA 分为出站包处理和入站包处理，具体处理流程在这里不做详述。

**4. IKE**

因特网密钥交换协议(IKE)是一份符合因特网协议安全(IPSec)标准的协议。它常用来确保虚拟专用网络 VPN(virtual private network)与远端网络或者宿主机进行交流时的安全保证。IKE 监听 UDP 端口 500，IKE 使用 Diffie-Hellman 交换，在不安全的网络上安全地分发密钥，验证身份，定时更新 SA 和密钥，实现完善的前向安全性，允许 IPSec 提供抗重播服务，降低手工部署的复杂度。

IKE 与 IPSec 之间的关系如图 4.18 所示。

(1) IKE 为 IPSec 提供自动协商交换密钥、建立 SA 的服务；

(2) IPSec 安全协议负责提供实际的安全服务。

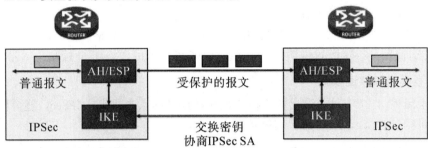

图 4.18　IKE 与 IPSec 之间的关系

IKE 也使用 SA，叫做 IKE SA。与 IPSec SA 不同，IKE SA 是用于保护一对协商节点之间通信的密钥和策略的一个集合。它描述了一对 IKE 协商的节点如何进行通信，负责为双方进一步的 IKE 通信提供机密性、消息完整性及消息源验证服务。IKE SA 本身也经过验证，IKE 协商的双方也就是 IPSec 的对方节点。

IKE 协商分为两个阶段：

• 阶段 1：IKE 使用 Diffie-Hellman 交换建立共享密钥，在网络上建立一个 IKE SA，为阶段 2 协商提供保护。

• 阶段 2：在阶段 1 建立的 IKE SA 的保护下完成 IPSec SA 的协商。

IKE 定义了阶段 1 的两种交换模式——主模式(Main Mode)和野蛮模式(Aggressive Mode)，还定义了阶段 2 的交换模式——快速模式(Quick Mode)。在这里我们主要研究阶段 1 的两种交换模式。

1) IKE 主模式

主模式是 IKE 强制实现的阶段 1 交换模式，它可以提供完整性保护，如图 4.19 所示。主模式总共有 3 个步骤、6 条消息。其中，Peer 为对等体。

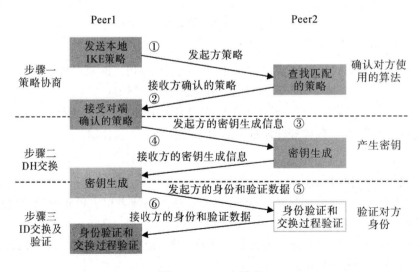

图 4.19　IKE 主模式

第一个步骤是策略协商。在这个步骤里，IKE 对等体双方用前两条消息协商 SA 所使用的策略。下列属性被称为 IKE SA 的一部分，用来进行协商，并用于创建 SA。

① 加密算法：IKE 使用诸如 DES、3DES、AES 这样的对称加密算法保证机密性。

② 散列算法：IKE 使用 MD5、SHA 等散列算法进行数据完整性的验证。

③ 验证方法：IKE 允许多种不同的验证方法，包括预共享密钥(Pre-shared Key)、数字签名标准(Digital Signature Standard，DSS)，以及从 RSA 公共密钥加密得到的签名和验证的方法。

④ 进行 Diffie-Hellman 操作的组(Group)信息。

另外，IKE 生存时间(IKE Lifetime)也会被加入协商消息，以便明确 IKE SA 的存活时间，这个时间值可以以秒或者数据量计算。如果这个时间超时了，就需要重新进行阶段 1 交换。生存时间越长，秘密被破解的可能性就越大。

第二个步骤是 Diffie-Hellman 交换。在这个步骤里，IKE 对等体双方用主模式的第三和第四条消息交换 Diffie-Hellman 公共值及一些辅助数据。

在第三个步骤里，IKE 对等体双方用主模式的最后两条消息交换 ID 信息和验证数据，对 Diffie-Hellman 交换进行验证。

通过这 6 条消息(如图 4.19 所示)的交换，IKE 对等体双方建立起一个 IKE SA。

2) IKE 野蛮模式

在使用预共享密钥的主模式 IKE 交换时，通信双方必须首先确定对方的 IP 地址。对于拥有固定地址的站点到站点的应用，这不是问题。但是在远程拨号时，由于拨号的 IP 地址无法预先确定，就不能使用这种方法。为了解决这个问题，需要使用 IKE 的野蛮模式进行交换，如图 4.20 所示。

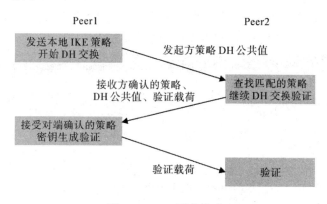

图 4.20 IKE 野蛮模式

IKE 野蛮模式的目的与主模式相同——建立一个 IKE SA，以便为后续协商服务，但 IKE 野蛮模式交换只使用了 3 条消息。前两条消息负责协商策略，交换 Diffie-Hellman 公共值以及辅助数值和身份信息；同时第二条信息还用于验证响应者；第三条信息用于验证发起者。

首先，IKE 协商发起者发送一个消息，其中包括以下内容：

① 加密算法。

② 散列算法。

③ 验证方法。

④ 进行 Diffie-Hellman 操作的组信息。

⑤ Diffie-Hellman 公共值。

⑥ Nonce(辅助数值)和身份信息。

然后，响应者回应一条消息，该消息不但需要包含上述协商内容，还需要包含一个验证载荷。最后，发起者回应一个验证载荷。

IKE 野蛮模式的功能比较有限，安全性差于主模式。但是在不能预先得知发起者的 IP 地址，并且需要使用预共享密钥的情况下，就必须使用野蛮模式。另外，野蛮模式的过程比较简单快捷，在充分了解对方安全策略的情况下也可以使用野蛮模式。

IKE 的优点如下：

① 允许端到端动态验证。

② 降低手工部署的复杂度。

③ 定时更新 SA。

④ 定时更新密钥。

⑤ 允许 IPSec 提供抗重播服务。

## 4.2.2　IPSec VPN 互联的基本配置

IPSec VPN 的基本配置的详细步骤在这里不做详述，因为深信服防火墙 VPN 的配置一般使用 DLAN 进行互联， IPSec VPN 一般在深信服的防火墙和其他不兼容 DLAN 协议的厂商的防火墙互联时才使用，在这里我们只需了解 IPSec VPN 配置的注意事项，如果在现实中遇到，请参照《SANGFOR AF 用户手册》中关于 IPSec VPN 互联配置的说明。

**注意事项一：** NGAF 与第三方设备建立标准 IPSec VPN 互联的条件如下：

(1) NGAF 设备必须具有分支机构的授权，如图 4.21 所示。

图 4.21　分支机构的授权

(2) NGAF 设备必须至少具有一个 WAN 属性的路由接口(非管理口 eth0)，和一个非 WAN 属性的路由口(非管理口 eth0)，用于建立标准 IPSec 连接。

**注意事项二：** 通过 NGAF 设备与第三方设备进行标准 IPSec VPN 互联时，除了【第三方对接】的配置外，还需要配置【内网接口设置】和【外网接口设置】。

配置了【外网接口设置】后，【第三方对接】第一阶段的线路出口才能选择线路，否则为空，如图 4.22 所示。

图 4.22　外网接口配置

【内网接口设置】添加本端 VPN 数据进入 NGAF 设备的非 WAN 属性的路由口(非管理口 eth0)，如图 4.23 所示。

注意事项三：NGAF 设备不能通过管理口 eth0 建立标准 IPSec 互联(即给 eth0 口添加其他 IP 地址，当做内网口或者外网口建立标准 IPSec VPN 的场景)，但是 NGAF 设备可以通过管理口 eth0 建立 SANGFOR VPN 对接。

图 4.23　内网接口设置

注意事项四：NGAF 设备配置标准 IPSec 互联时，必须配置【外网接口设置】和【内网接口设置】。NGAF 设备建立标准 IPSec 互联时，VPN 的数据必须从一个非 WAN 属性的路由口进入到设备，并从一个 WAN 属性的路由口转发。

## 4.3　NGAF SSL VPN 原理及其配置

### 4.3.1　NGAF SSL VPN 的基本原理

SSL VPN 是解决远程用户访问公司敏感数据最简单最安全的解决技术。与复杂的 IPSec

VPN 相比，SSL 通过简单易用的方法实现信息远程连通。任何安装浏览器的机器都可以使用 SSL VPN，这是因为 SSL 内嵌在浏览器中，它不需要像传统 IPSec VPN 一样必须为每一台客户机安装客户端软件，只需要有浏览器即可。

　　SSL(Secure Sockets Layer，安全套接层)协议是一种在 Internet 上保证发送信息安全的通用协议，采用 C/S 结构(Client/Server，客户端/服务器模式)。SSL 服务器端使用 TCP 协议的 443 号端口提供 SSL 服务。它处在应用层，SSL 用公钥加密通过 SSL 连接传输的数据来工作。SSL 协议指定了在应用程序协议和 TCP/IP 之间进行数据交换的安全机制，为 TCP/IP 连接提供数据加密、服务器认证以及可选择的客户机认证。

　　SSL 协议可分为两层：

　　· SSL 记录协议(SSL Record Protocol)：它建立在可靠的传输协议(如 TCP)之上，为高层协议提供数据封装、压缩、加密等基本功能的支持。

　　· SSL 握手协议(SSL Handshake Protocol)：它建立在 SSL 记录协议之上，用于在实际的数据传输开始前，通信双方进行身份认证、协商加密算法、交换加密密钥等。SSL 协议架构如图 4.24 所示。

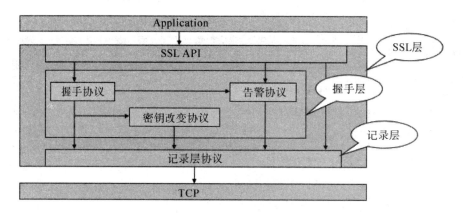

图 4.24　SSL 协议架构

　　SSL VPN 其实就是采用 SSL 加密协议建立远程隧道连接的一种 VPN。客户端和 SSL VPN 网关之间的数据是通过 SSL 协议进行加密的，而 SSL VPN 网关和内网各服务器之间则是明文传送的，如图 4.25 所示。

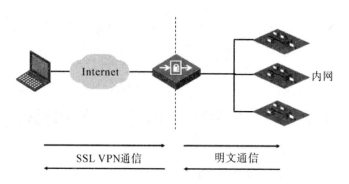

图 4.25　SSL VPN

SSL VPN 的优点如下：

(1) 方便。实施 SSL VPN 只需要安装配置好中心网关即可，其余的客户端是免安装的。因此，实施工期很短，如果网络条件具备，连安装带调试，1～2 天即可投入运营。

(2) 容易维护。SSL VPN 维护起来简单，出现问题时维护网关就可以了。实在不行，换一台，如果有双机备份的话，启动备份机器就可以了。

(3) 安全。SSL VPN 是一个安全协议，数据是全程加密传输的。另外，由于 SSL 网关隔离了内部服务器和客户端，只留下一个 Web 浏览接口，客户端的大多数病毒木马感染不到内部服务器。而 IPSec VPN 就不一样，实现的是 IP 级别的访问，远程网络和本地网络几乎没有区别。局域网能够传播的病毒，通过 VPN 一样能够传播。

SSL 除了具有上述优点外还提供了丰富的接入手段，包括 Web 接入、TCP 接入和 IP 接入，且客户端维护简单。使用 Web 接入方式时，用户只需要使用 Web 浏览器就可以从 Internet 上访问私网中的网络资源，SSL VPN 系统本身并不需要提供额外的 VPN 客户端，而是借用 Web 浏览器作为 VPN 客户端，因而在这种情况下 SSL VPN 可以实现所谓的"免客户端"特性。对于一些非 Web 应用，SSL VPN 还提供了 TCP、IP 接入方式，在这些方式中，SSL VPN 借助 Web 的控件技术，实现 VPN 客户端的自动下载、自动安装、自动运行和自动清除等功能，从而减少了 VPN 客户端的维护工作，方便了用户的使用。

可以对用户的访问权限进行较细致的管理是 SSL VPN 的另外一个非常重要的特点。SSL VPN 网关可以解析一定深度的应用层报文。对于 HTTP 协议，网关可以控制对 URL 的访问；对于 TCP 协议，网关不但可以控制对 IP 地址和端口号的访问，还可以进一步解析应用层协议，从而控制具体的访问内容。此外，SSL VPN 可以实现基于用户角色的权限管理，从而使得权限管理可以精确到基于用户身份的访问控制，除此之外 SSL VPN 还提供了动态授权机制，根据用户的自身权限结合客户端主机安全情况决定授予登录用户的权限级别。

SSL VPN 运作流程如图 4.26～图 4.28 所示。

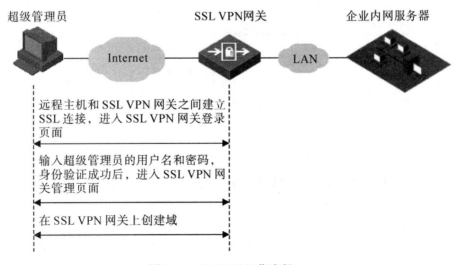

图 4.26　SSL VPN 运作流程(一)

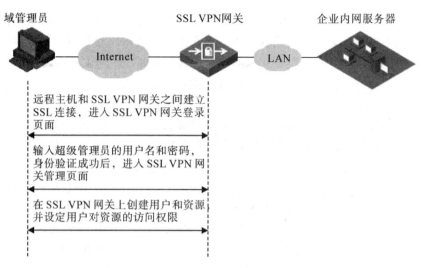

图 4.27　SSL VPN 运作流程(二)

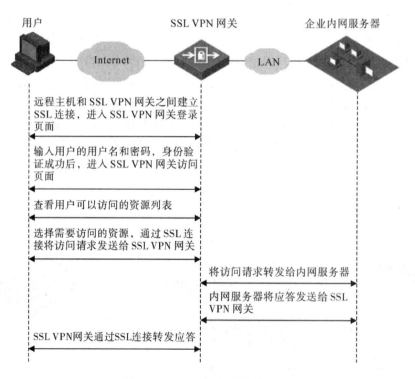

图 4.28　SSL VPN 运作流程(三)

典型的 SSL VPN 构成其实非常简单，包括远程主机、SSL VPN 网关、内网资源服务器、相关认证及 CA 类服务器等。

远程主机是用户远程接入的终端设备，一般就是一台普通 PC。

SSL VPN 网关是 SSL VPN 的核心，负责终结客户端发来的 SSL 连接；检查用户的访问权限；代理远程主机向资源服务器发出访问请求；对服务器返回应答进行转化，并形成适当的应答转发给远程客户端主机。

SSL VPN 网关上配置了三种类型的账号：超级管理员、域管理员和普通用户。超级管理员为系统域的管理员，可以创建若干个域，并指定每个域的域管理员，初始化域的管理员密码，给域授予资源组，并授权域是否能够创建新的资源。

域管理员是一个 SSL VPN 域的管理人员，主要是对一个域的所有用户进行访问权限的限制。域管理员可以创建域的本地用户、用户组、资源和资源组等。

以域管理员账号登录到 SSL VPN 网关后，可以配置本域的资源和用户，将资源加入到资源组，将用户加入到用户组，然后为每个用户组指定可以访问的资源组。

而 SSL VPN 用户账号是真正的最终用户，是使用 SSL VPN 访问网络资源的用户。

以 SSL VPN 用户账号登录后可以访问 SSL VPN 网关的访问页面，选择需要访问的资源，通过 SSL 连接将访问请求发送给 SSL VPN 网关；SSL VPN 网关根据域管理员配置的用户权限及该用户使用的主机安全情况决定该用户可以访问的资源，将访问请求转发给内网资源服务器；内网资源服务器将应答 SSL VPN 网关，SSL VPN 网关将该应答通过 SSL 连接转发给远程客户端。至此，SSL VPN 的工作即告完成。

## 4.3.2 NGAF SSL VPN 的配置

下面我们来看一下 NGAF SSL VPN 的配置，在这里基本的网络配置不做详述。

(1) NGAF SSL VPN 部署模式的配置如图 4.29 所示。

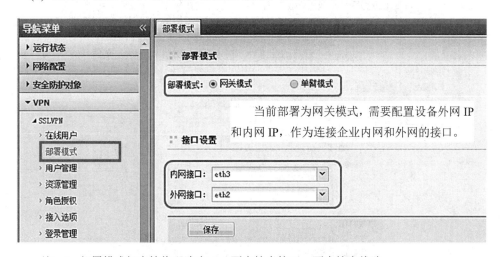

注：1. 部署模式仅支持物理路由口，不支持虚接口，不支持多线路。
　　2. SSL VPN 访问绑定网口，仅能发布内网接口可达的 TCP 应用。

图 4.29　部署模式

(2) NGAF SSL VPN 用户管理配置。在用户基本信息栏设置用户的账号及密码，并勾选"辅助认证"→硬件特征码。如图 4.30 所示。设置好之后，点击【保存】按钮，即可用这个账号登录 SSL VPN 了。

(3) NGAF SSL VPN 资源管理的配置如图 4.31 所示。

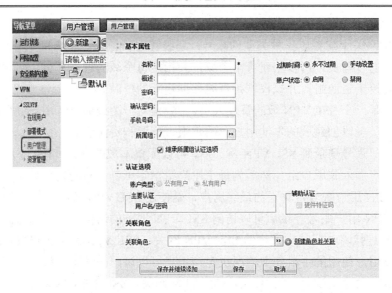

注: 1. AF SSL VPN 主要用户认证仅支持用户名密码，辅助认证仅支持硬件特征码。

2. 所有 AF SSL VPN 配置在立即重启服务后生效。

图 4.30　用户管理

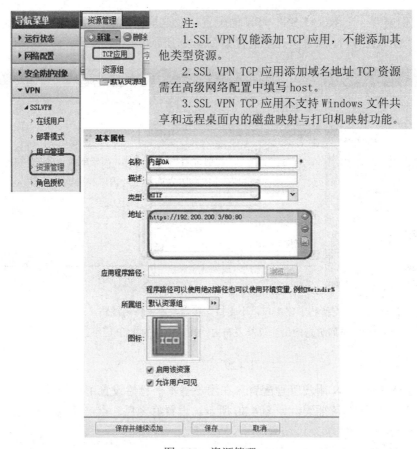

图 4.31　资源管理

(4) NGAF SSL VPN 角色授权的配置如图 4.32 所示。

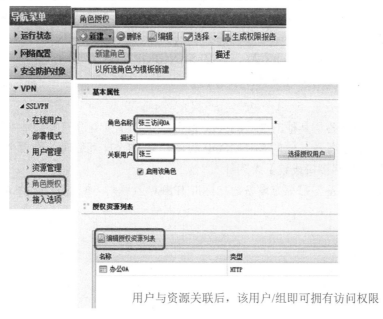

用户与资源关联后，该用户/组即可拥有访问权限

图 4.32　角色授权

至此，NGAF SSL VPN 的配置完成。

本章介绍了 NGAF DLAN 的基本原理，DLAN 单线路和多线路的配置，标准 IPSec VPN 的基本原理和配置，SSL VPN 的基本原理和配置。这是防火墙最基本的功能，希望同学们认真掌握。

◀◀ 练　习　题 ▶▶

一、选择题

1. 根据对报文的封装形式，IPsec 工作模式分为(　　)。

A. 隧道模式　　　　　　　　　　　　B. 主模式

C. 传输模式　　　　　　　　　　　　D. 野蛮模式

2. 以下描述中属于 SSL VPN 协议握手层功能的有(　　)。

A. 负责建立维护 SSL 会话　　　　　　B. 保证数据传输可靠

C. 异常情况下关闭 SSL 连接　　　　　D. 协商加密所使用的密钥参数

3. SSL VPN 提供以下哪几种接入方式？(　　)

A. Web 接入方式　　　　　　　　　　B. HTTP 接入方式

C. IP 接入方式　　　　　　　　　　　D. TCP 接入方式

## 二、填空题

1. WEBAGENT 寻址技术叫做(　　)，它可以让分支或者移动人员通过 WEBAGENT 服务器动态寻找到总部的(　　)。

2. NGAF 仅支持作为(　　)或者(　　)的 SANGFOR VPN 对接的部署模式。标准的第三方 IPSec 互联仅在(　　)部署下支持。

## 三、简答题

1. 通过 NGAF 设备与其他的 SANGFOR 设备建立 DLAN 互联有哪些基本条件？

2. 通过 NGAF 设备与其他的 SANGFOR 设备建立 DLAN 互联时，是否必须配置【内网接口设置】和【外网接口设置】？为什么？

3. 通过 NGAF 设备与第三方设备建立标准 IPSEC 互联时，配置和其他 SANGFOR 设备有哪些不同？

# Chapter 5

# 第 5 章　服务器保护技术

◆ **学习目标：**

➲ 了解内网用户上网、服务器访问面临的威胁以及 NGAF 能够对它们起到的防护作用；
➲ 掌握 NGAF 能够对 Web 服务器进行哪些保护；
➲ 掌握服务器保护的应用场景和配置方法；
➲ 掌握如何根据用户的需求配置相应的防护策略。

◆ **本章重点：**

➲ NGAF 能够对 Web 服务器进行哪些保护；
➲ 服务器保护的应用场景和配置方法；
➲ 如何根据用户的需求配置相应的防护策略。

◆ **本章难点：**

➲ 服务器保护的应用场景和配置方法；
➲ 根据用户的需求配置相应的防护策略。

◆ **建议学时数：8 学时**

　　服务器，也称伺服器，是提供计算服务的设备。由于服务器需要响应服务请求，并进行处理，因此一般来说服务器应具备承担服务并且保障服务的能力。服务器的构成包括处理器、硬盘、内存、系统总线等，和通用的计算机架构类似，但是由于需要提供高可靠的服务，因此在处理能力、稳定性、可靠性、安全性、可扩展性、可管理性等方面要求较高。在网络环境下，根据服务器提供的服务类型不同，服务器分为文件服务器、数据库服务器、应用程序服务器、Web 服务器等。

　　随着网络的发展，现在基本上每个公司都需要服务器来提供网络服务。例如：某公司需要进行对外宣传，建立自己的网站，这时就需要 Web 服务器；若某公司需要各个员工之间通过电子邮件进行工作交流，这时就需要电子邮件服务器。服务器相当于一台加强版的计算机，它们工作时也会遭受到病毒、木马、恶意代码的攻击，所以对服务器的保护就显得格外重要。

# 5.1　服务器保护功能介绍

通常服务器面临的威胁如下：

(1) 不必要的访问。对于一般的服务器，通常我们只需要提供 HTTP 应用服务访问，其他服务不需要提供，有些黑客会通过其他的服务来攻击服务器，例如 Telnet 服务。

(2) DDoS 攻击、IP 或端口扫描、协议报文攻击等。

(3) 漏洞攻击(针对服务器操作系统、软件漏洞)。

(4) 根据软件版本的已知漏洞进行攻击；口令暴力破解、获取用户权限；SQL 注入、XSS 跨站脚本攻击、跨站请求伪造等。

(5) 扫描网站开放的端口以及弱密码。

(6) 网站被攻击者篡改(详见第 6 章)。

防火墙对服务器的安全防护功能有：

(1) 禁止不必要的访问，一般通过禁止端口或者服务来实现。

(2) 禁止外网发起 IP 或端口扫描、DDoS 攻击等。

(3) 禁止针对服务器操作系统、软件漏洞的远程扫描以及远程打补丁。

(4) 禁止根据软件版本的已知漏洞进行攻击、口令暴力破解、获取用户权限、SQL 注入、XSS 跨站脚本攻击、跨站请求伪造等。

(5) 禁止扫描网站开放的端口以及弱密码。

(6) 禁止网站被攻击者篡改。

# 5.2　服务器保护的原理和配置

## 5.2.1　服务器保护的原理

NGAF 的服务器保护主要用于防止不被信任的区域(比如互联网)对目标服务器发起的攻击，目前主要针对 Web 应用和 FTP 应用提供保护。

NGAF 对服务器的防护包括：

(1) 网站攻击防护，如 SQL 注入、XSS 攻击、CSRF 攻击、网页木马、网站扫描、操作系统命令攻击、文件包含漏洞攻击、目录遍历攻击和信息泄露攻击。

(2) 应用隐藏，用于隐藏应用服务器的版本信息，防止攻击者根据版本信息查找相应的漏洞。

(3) 口令防护，用于防止攻击者暴力破解用户口令，获取用户权限。

(4) 权限控制，用于防止上传恶意文件到服务器和对正在维护的 URL 目录进行保护。

(5) 登录防护。

(6) HTTP 异常检测。

(7) CC 攻击防护。

(8) 网站扫描防护。

(9) 缓冲区溢出检测。

(10) DLP 服务器数据防泄密。针对日益严重的服务器数据泄密事件，提供对 HTTP 服务器响应信息(明文)做敏感数据扫描，发现泄漏数据并阻断，并且对下载文件的文件类型进行过滤，不允许下载的文件类型默认阻断。

下面我们详细分析 NGAF 服务器保护的配置。

## 5.2.2　服务器保护的配置

Web 应用防护是专门针对客户内网的 Web 服务器设计的防攻击策略，可以防止 OS 命令注入、SQL 注入、XSS 攻击等各种针对 Web 应用的攻击行为，以及针对 Web 服务器进行防泄密设置。Web 应用防护的配置界面如图 5.1 和图 5.2 所示。

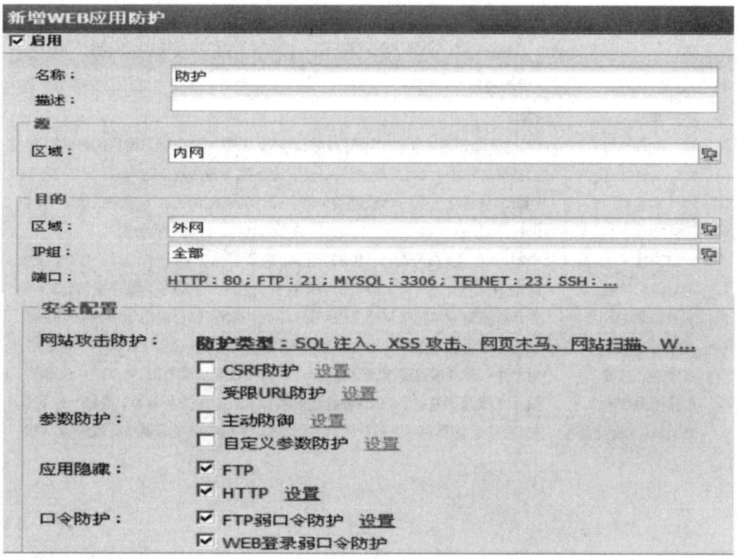

图 5.1　新增 Web 应用防护(1)

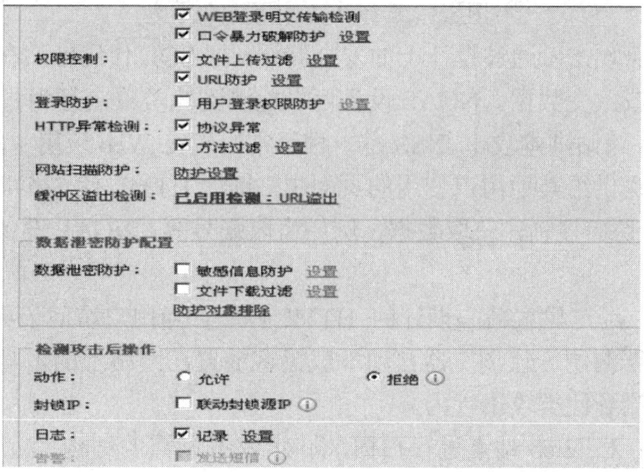

图 5.2　新增 Web 应用防护(2)

"名称"：定义该规则的名称。

"描述"：定义对该规则的描述。

源"区域"：从该区域进入的数据才匹配该规则，如选择外网区，则可以检测来自公网用户针对服务器的漏洞攻击。

目的"区域"、目的"IP 组"：选择访问的目的区域和目标地址，只有属于该区域的 IP 组的 IP 地址才匹配该规则。此处一般选择防御的保护对象，如选择内网区域的服务器 IP。

"端口"：设置保护的服务器的端口。此处一般填写服务器的端口，即用户访问服务器的该端口，则进行攻击检测等。

"网站攻击防护"：设置针对服务器的哪些攻击行为进行防护。点击"防护类型：SQL注入、XSS 攻击、网页木马…"弹出【选择 WEB 应用防护类型】编辑框，勾选相应的"防护类型"，则设备会对这一种服务类型的相关攻击行为进行防护，如图 5.3 所示。

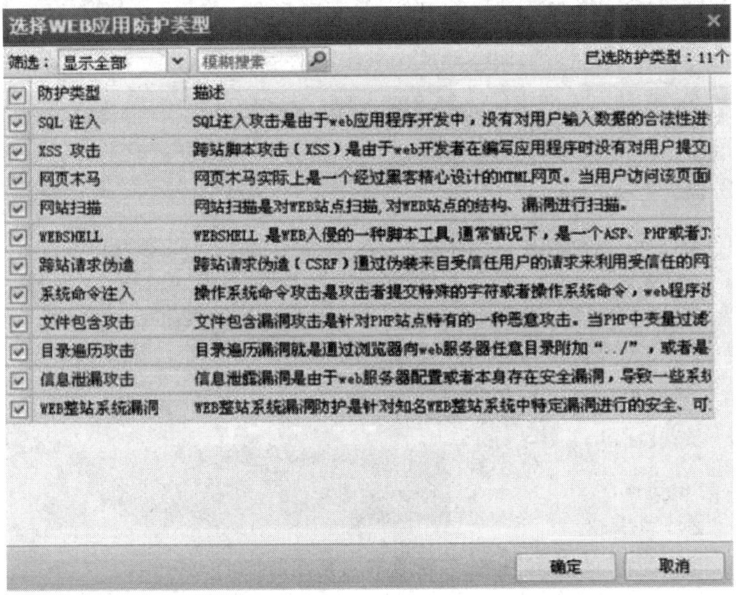

图 5.3　选择 Web 应用防护类型

"SQL 注入"：攻击者通过设计上的安全漏洞，把 SQL 代码粘贴在网页形式的输入框内，获取网络资源或改变数据。NGAF 设备可以检测到此类攻击行为。

"XSS 攻击"：跨站脚本攻击。XSS 是一种经常出现在 Web 应用中的计算机安全漏洞，它允许代码植入到提供给其他用户使用的页面中，例如 HTML 代码和客户端脚本。攻击者利用 XSS 漏洞绕过访问控制，获取数据，例如盗取账号等。NGAF 设备可以检测到此类攻击行为。

"网页木马"：经过黑客精心设计的 HTML 网页。当用户访问该页面时，嵌入该网页中的脚本利用浏览器漏洞，让浏览器自动下载黑客放置在网络上的木马并运行这个木马。NGAF 设备可以检测到此类攻击行为。

"网站扫描"：对 Web 站点进行扫描，即对 Web 站点的结构、漏洞进行扫描。NGAF 设备可以检测到此类攻击行为。

　　"WEBSHELL"：Web 入侵的一种脚本工具，通常情况下，是一个 ASP、PHP 或者 JSP 程序页面，也叫做网站后面木马。在入侵一个网站后，常常将这些木马放置在服务器 Web 目录中，与正常网页混在一起。通过 WEHSHELL，长期操纵和控制受害者网站。NGAF 设备可以检测此类攻击行为。

　　"跨站请求伪造"：通过伪装来自受信任用户的请求来利用受信任的网站。NGAF 设备可以检测到此类攻击行为。

　　"系统命令注入"：攻击者利用服务器操作系统的漏洞，把 OS 命令利用 Web 访问的形式传至服务器，获取其网络资源或者改变数据。NGAF 设备可以检测到此类攻击行为。

　　"文件包含攻击"：针对 PHP 站点特有的一种恶意攻击。当 PHP 中变量过滤不严，没有判断参数是本地的还是远程主机上的时，就可以指定远程主机上的文件作为参数来提交给变量指针，而如果提交的这个文件中存在恶意代码甚至一个 PHP 木马，文件中的代码或者 PHP 木马就会以 Web 权限被成功执行。NGAF 设备可以检测到此类攻击行为。

　　"目录遍历攻击"：通过浏览器向 Web 服务器任意目录附加"../"，或者是在有特殊意义的目录后附加"../"，或者是附加"../"的一些变形，编码访问 Web 服务器的根目录之外的目录。NGAF 设备可以检测到此类攻击行为。

　　"信息泄露攻击"：由于 Web 服务器配置或者本身存在安全漏洞，导致一些系统文件或者配置文件直接暴露在互联网中，泄露 Web 服务器的一些敏感信息，如用户名、密码、源代码、服务器信息、配置信息等。NGAF 设备可以检测到此类攻击行为。

　　"WEB 整站系统漏洞"：针对知名 Web 整站系统中特定漏洞进行安全、可靠、高质量的防护。

　　点击"需要加强防护的 URL 列表"，设置哪些 URL 需要加强防护。根据 Web 应用防护规则的默认设置可知，危险等级为低的规则检测到之后会被放行，而对于 URL 设置了加强防护之后，去包匹配到危险等级为低的规则，回包出现服务器错误信息时，回包的数据会被拦截。界面设置如图 5.4 所示(由于截图问题，有的选项所截图上未显示)。

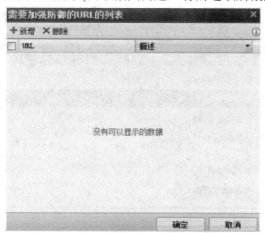

图 5.4　需要加强防御的 URL 的列表

　　点击"新增"按钮，设置哪些 URL 需要进行加强防护。

　　"CSRF 防护"：跨站伪造请求(Cross Site Request Forgery，CSRF)，也被称为"one click attack"或者 session riding，通常缩写为 CSRF 或者 XSRF，是一种挟制终端用户在

当前已登录的 Web 应用程序上执行非本意的操作的攻击方法。通过配置 CSRF 防护，可以有效防止该类攻击行为。配置界面如图 5.5 所示。

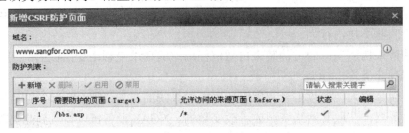

图 5.5　新增 CSRF 防护页面

通过配置需要进行防护的域名，已经新增需要防护的页面和允许访问的来源页面，保证跳转只能从允许访问的来源页面(Referer)来访问想要防护的页面(Target)，达到阻止 CSRF 攻击的目的。

"受限 URL 防护"：保护用户的关键资源不被非法客户端强制浏览。配置如图 5.6 所示。

图 5.6　受限 URL 防护设置

仅允许从 www.sangfor.com.cn/bbs/index.html 访问 www.sangfor.com.cn 的域名主页，不允许通过其他方式访问该域名。

"参数防护-主动防御"：传统防护 SQL 注入是基于特征的，但基于特征的防护 SQL 注入系统无法解决 0day 和未知攻击问题。通过在设备上添加主动防御模型，可提升 NGAF 的安全防护能力。配置如图 5.7 所示。

图 5.7　主动防御设置

　　该项设置只需要启用即可，为设备自主学习，当达到主动学习阈值时，学习完成，自动绑定相关参数。效果图如图 5.8 所示。

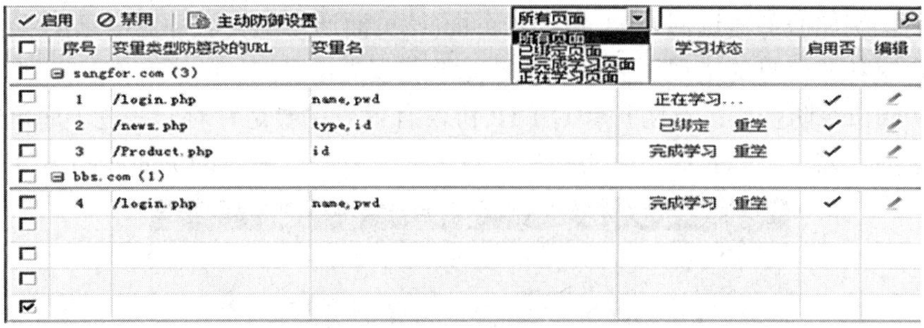

图 5.8　主动防御设置效果

　　"参数防护-自定义参数防护"：和主动防护功能类似，只是需自定义相关参数，支持正则表达式匹配，即满足设置相关正则表达式的条件后，匹配动作为拒绝，如图 5.9 所示。

| 序号 | URL | 区分大小写 | 变量, 匹配条件, 取值正则表达式 | 状态 | 编辑 |
|---|---|---|---|---|---|
| 1 | /bbs/login.asp | 是 | userid, 等于, qq号码 | ✓ | ✎ |

图 5.9　自定义参数规则设置

　　"应用隐藏-FTP"：客户端登录 FTP 服务器的时候，服务器会返回客户端 FTP 服务器的版本等信息。攻击者可以利用相应版本的漏洞发起攻击。该功能是隐藏 FTP 服务器返回的这些信息，避免被攻击者利用。勾选"FTP"即设置好了隐藏。

　　"应用隐藏-HTTP"：当客户端访问 Web 网站的时候，服务器会通过 HTTP 报文头部返回客户端很多字段信息，例如 Server、Via 等，Via 可能会泄露代理服务器的版本信息，攻击者可以利用服务器版本漏洞进行攻击。因此可以通过隐藏这些字段来防止攻击。勾选"HTTP"，点击"设置"，弹出的页面如图 5.10 所示。

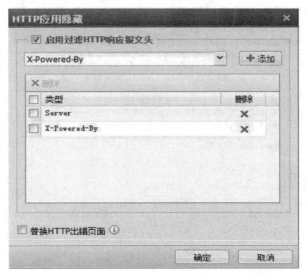

图 5.10　HTTP 应用隐藏

　　此处需要自定义 HTTP 报文头的内容，可以利用 HTTPWATCH 等抓包工具获取该服务器返回客户端的一些字段，并且填写到此处。勾选"替换 HTTP 出错页面"，则针对一些错误页面，例如服务器返回 500 错误的页面(该页面通常包含服务器信息)，防火墙会用一个不包含服务器信息的错误页面来替换原始的错误页面。

　　"FTP 弱口令防护"：该防护针对 FTP 协议有效，主要是针对一些过于简单的用户名密码进行过滤。勾选"FTP 弱口令防护"，点击"设置"，弹出的页面如图 5.11 所示。

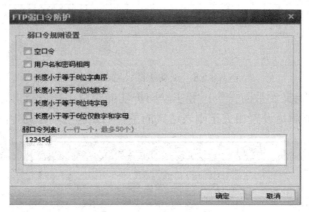

图 5.11　FTP 弱口令防护

　　勾选相应的弱口令规则，或者填写弱口令列表，点击【确定】保存设置即可。当防火墙检测到这种弱口令时，客户端会无法登录 FTP 服务器，需要到 FTP 服务器修改成符合规则的密码或者通过修改防火墙口令规则设置来解决。

　　"WEB 登录弱口令防护"：针对 Web 登录过程中的弱口令进行防护，启用即可。设置方法与 FTP 弱口令防护图 5.11 类似，不再赘述。

　　"WEB 登录明文传输检测"：针对 Web 登录过程中的明文传输进行检测，启用即可。设置方法与 FTP 弱口令防护图 5.11 类似，不再赘述。

　　"口令暴力破解防护"：该防护可以对 FTP 和 HTTP 生效，用于防止暴力破解密码。勾选"口令暴力破解防护"，点击"设置"，弹出的页面如图 5.12 所示。

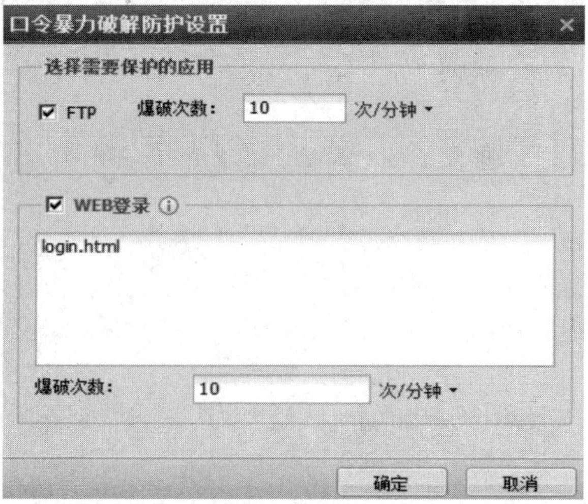

图 5.12　口令暴力破解防护设置

针对 FTP 的防暴力破解，只需要在上述页面中勾选"FTP"即可。针对 HTTP 网站的登录防破解，需要填写相应的 URL。例如某网站的登录 URL 为 http://www.***.com/login.html，那么上述填写方式为/login.html，如图 5.12 所示。"爆破次数"用于设置每分钟输入多少次错误密码后就被认定为暴力破解密码行为。

"文件上传过滤"：主要用于过滤客户端上传到服务器的文件类型。例如用户上传的文件的文件类型为.exe 类可执行文件，则可通过"文件上传过滤"进行过滤，如图 5.13 所示。

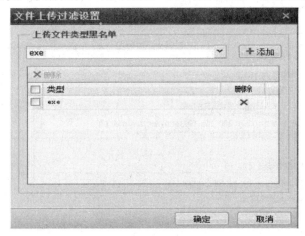

图 5.13  文件上传过滤设置

在图 5.13 中，点击 可以下拉选择设备内置的一些文件类型，点击 按钮，则可将其添加到列表中。如果需要自定义上传文件的类型，可以直接在框里输入自定义的文件类型，点击 按钮，则可将其添加到列表中。

"URL 防护"：该设置的主要功能是权限开关。例如禁止访问某个 URL，则上述的防攻击等都无效，因为客户端都无法访问，更不会存在攻击。如果此处允许某个 URL，则上述设置的防攻击等针对该 URL 都会无效，相当于一个白名单。勾选"URL 防护"，点击"设置"，页面如图 5.14 所示。此处的填写方式与防爆破类似，需要填写 URL 的后缀。例如某 URL 为 http://www.***.com/login.html，则此处填写/login.html。

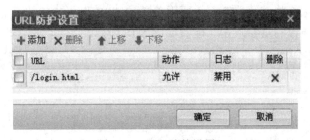

图 5.14  URL 防护设置

"用户登录权限防护设置"：客户网站中有管理页面，但不允许对管理页面直接登录，必须通过 NGAF 设备的短信认证后才能登录管理页面，这就是用户登录权限防护。该防护也支持 Web 登录权限防护和非 Web 登录权限防护，其配置如图 5.15 所示。

注意："配置用于非 WEB 登录方式认证的 URL"：配置一个不存在的 URL，用户访问此 URL 时必须经过 NGAF 设备，NGAF 设备会抓取 TCP 连接并返回短信认证页面。

若此处配置的 URL 与客户内部网站的真实 URL 冲突,用户将只能浏览到短信认证页面。

图 5.15　用户登录权限防护设置

　　"HTTP 异常检测-协议异常":主要用于防护 ASP 和 ASPX 的页面中,请求多个参数被服务器错误处理导致的复参攻击。配置如图 5.16 所示。

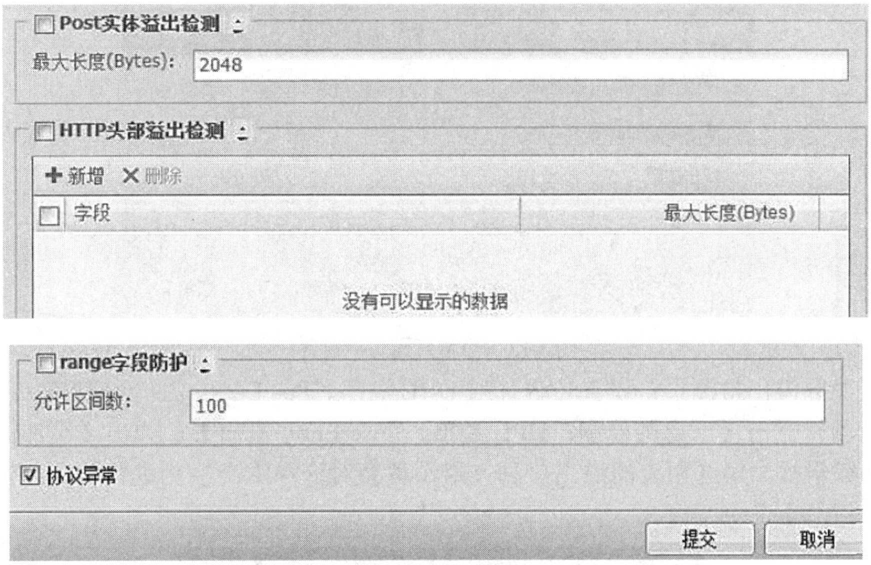

图 5.16　HTTP 异常检测-协议异常设置

　　"HTTP 异常检测-方法过滤"：主要用于设置允许的 HTTP 方法，点击"设置"，在弹出的页面勾选允许的 HTTP 方法即可。未勾选的 HTTP 方法将被认为是 HTTP 异常，如图 5.17 所示。

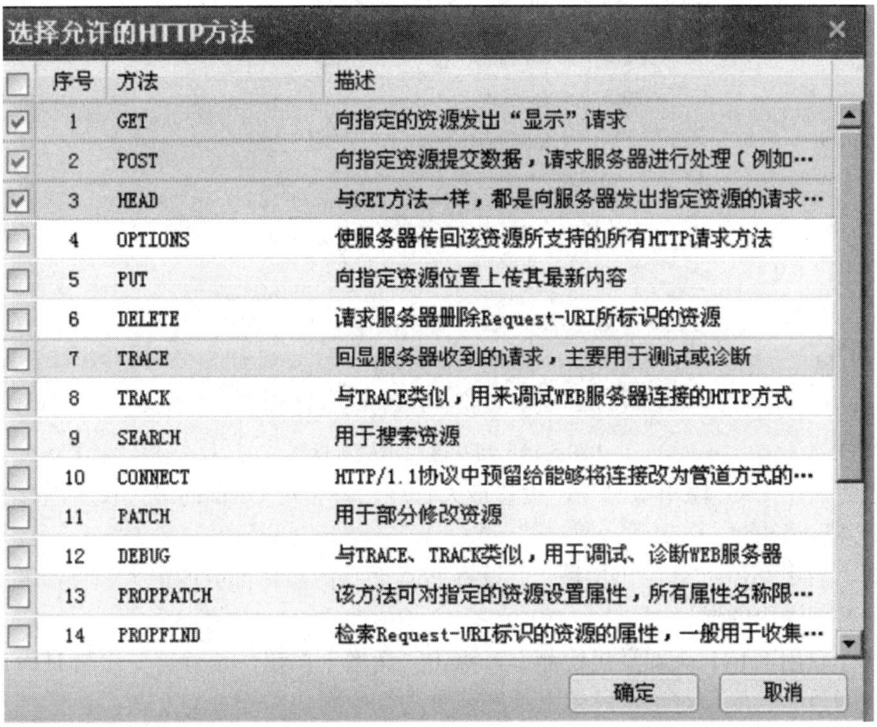

图 5.17　选择允许的 HTTP 方法

　　"网站扫描防护"：用于防止针对网站的扫描探测，配置如图 5.18 所示。

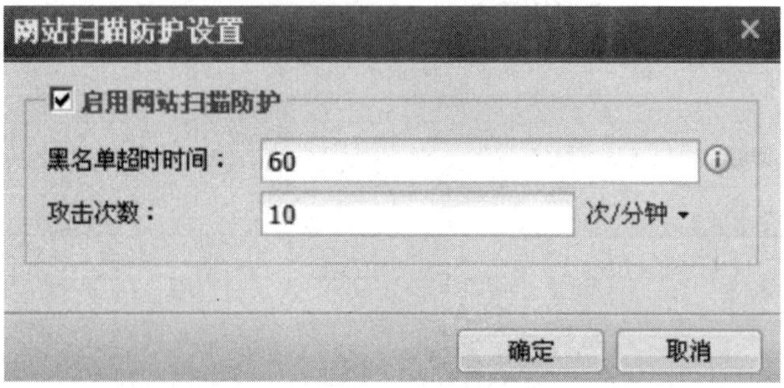

图 5.18　网站扫描防护设置

"缓冲区溢出检测"：设置是否针对 URL 溢出、Pos Entity 溢出和 HTTP 头部的溢出进行检测。点击【已启用检测：UPL 溢出、Post Entty 溢出】，弹出【缓冲区溢出检测设置】编辑框，勾选相应的溢出检测，则设备会对这种溢出检测进行防护，如图 5.19 所示。

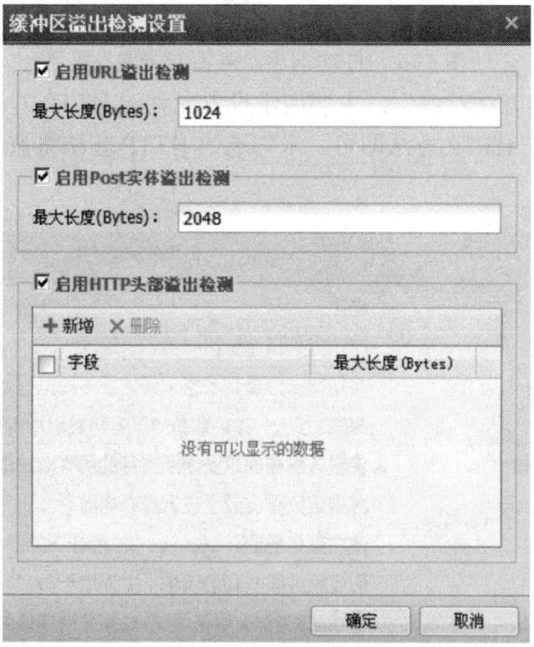

图 5.19　缓冲区溢出检测设置

勾选"启用 URL 溢出检测"，设置最大长度，将会对 URL 的最大长度进行检测，防止造成缓冲区溢出。

勾选"启用 Post 实体溢出检测"，设置 Post 数据的实体部分的最大长度，防止造成服务器接收数据溢出的错误。

勾选"启用 HTTP 头部溢出检测"，点击"新增"按钮，设置需要检测 HTTP 头部中指定字段的最大长度，对该字段超出长度部分进行检测。

针对目前日益严重的服务器数据泄密事件(如 CSDN、天涯被"拖库"即"天涯论谈"的数据被非法拖走)等，部署 SANGFOR NGAF 设备后，启用数据泄密防护功能能够对这些敏感信息的泄露进行防护，如图 5.20 所示。

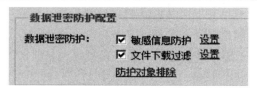

图 5.20　数据泄密防护配置

勾选"数据泄密防护–敏感信息防护",点击"设置",弹出【防护的敏感信息】编辑框,设置哪些信息是敏感信息,以及敏感信息命中次数的统计方式,如图 5.21 所示。

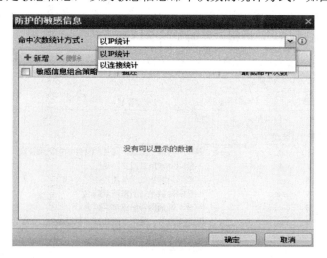

图 5.21　防护的敏感信息

"命中次数统计方式":可以选择"以 IP 统计"或者"以连接统计"。"以 IP 统计"是指当有定义的敏感信息经过设备时以单个 IP 的命中次数作为统计依据;"以连接统计"是指当有定义的敏感信息经过设备时以单个连接的命中次数作为统计依据。选择"以连接统计"后,默认会勾选"启用联动封锁源 IP"。

点击"新增"按钮,设置敏感信息组合策略,勾选哪些信息是敏感信息,设置这些敏感信息的组合策略,其设置界面如图 5.22 所示。

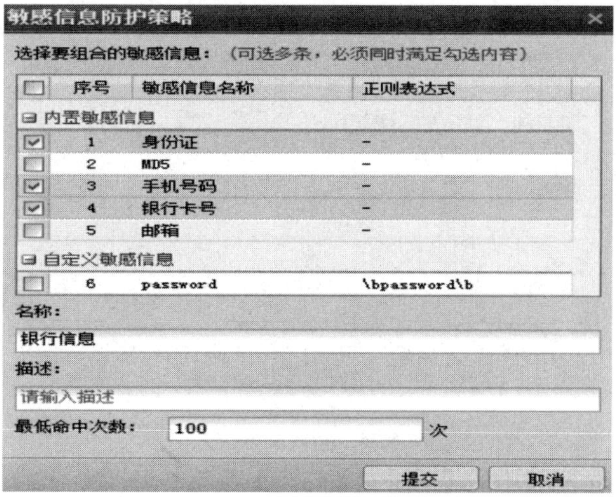

图 5.22　敏感信息防护策略

　　可以在防护的敏感信息里添加多条敏感信息组合策略，每条策略称之为一个模式，每个模式里可以包含多个敏感信息。一个模式里若包含多个敏感信息，则要多个敏感信息全部匹配才算一次命中。大于等于最低命中次数后就被认为是泄密，而多个模式之间是"或"的关系，只要匹配其中的一个模式，就算一次命中。

　　由于某些敏感信息是以 Word 或者是 Excel 等文档形式保存的，通过从服务器上下载文档把这些敏感信息泄露出去，对于这种泄露方式，NGAF 可以通过过滤文件下载来进行防护。

　　勾选"数据泄密防护-文件下载过滤"，点击"设置"，弹出"设置过滤文件类型"编辑框，选择需要过滤哪些文件后缀，界面如图 5.23 所示。

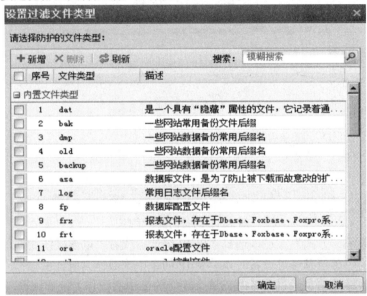

图 5.23　设置过滤文件类型

　　设备内置了一些常见的如网站数据备份文件后缀名、常用日志文件后缀名等，若还需要自定义文件类型，则点击"新增"按钮，添加需要过滤的文件后缀即可，界面如图 5.24 所示。

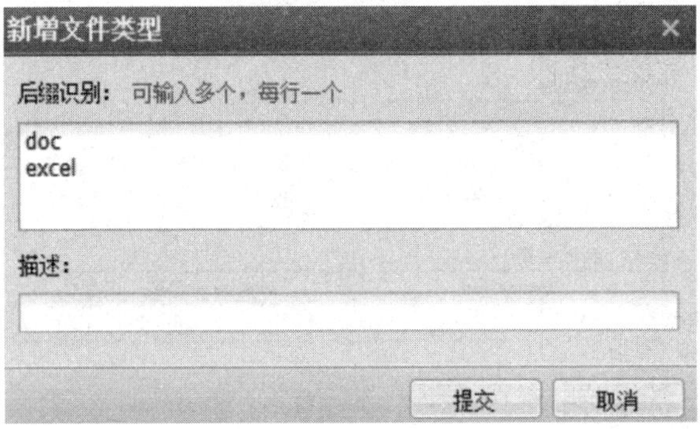

图 5.24　新增文件类型

　　点击数据泄密防护配置中的【防护对象排除】按钮，可以针对某些 IP 或 URL 进行排除设置，对于这些 IP 或 URL 不进行数据泄密防护，如图 5.25 所示。

图 5.25   数据泄密防护配置

检测攻击后操作"动作"：勾选【允许】选项，则只会检测攻击行为，检测出来后仍然会放行攻击包；勾选"拒绝"选项，则上述各种攻击检测出来后均进行阻断。

"封锁 IP"：勾选"联动封锁源 IP"选项，则 IPS 规则、WAF 规则或数据防泄密模块中的任何一个模块检测到攻击后，即会封锁攻击的源 IP 地址，如图 5.26 所示。

图 5.26   检测攻击后操作

检测攻击后操作"日志"：勾选【记录】选项，则上述各种攻击检测出来后会记录日志到数据中心。"设置"中可以设置记录相应状态码的条件，如图 5.27 所示。

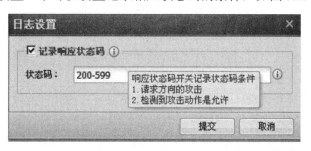

图 5.27   日志设置

"告警"：勾选【发送短信】选项，则出现数据泄密后，将会以短信的形式将告警信息发送至管理员手机上。

**注意：**

(1) 只有规则动作选择"拒绝"，设备才会针对检测到的攻击行为进行阻断。

(2) URL 防护里的允许与拒绝操作是单独的，与检测攻击后操作"拒绝"没有关联，以 URL 防护里的设置动作为准。

(3) 短信告警只对数据泄密防护有效，对 Web 应用防护无效。

至此，服务器保护中的 Web 防护的配置即告结束。

# 5.3   服务器保护案例

某用户在局域网内，其拓扑如图 5.28 所示，SANGFOR NGAF 路由模式部署在网络出口，用户希望针对内网的 Web 服务器群进行保护，包括针对 FTP 服务器的版本信息隐藏、

Web 服务器的 Server 字段和 VIA 字段隐藏，OS 命令注入防护，SQL 命令注入防护，XSS 命令注入防护，CSRF 命令注入防护，以及 HTTP 异常检测、缓冲区溢出检测等。http://www.***.com/view/*此类含有 view 的 URL 全部允许，不需要进行防护，除此之外的其余 URL 都需要进行防护。用户内网服务器提供服务的端口包括 Web 80 和 FTP 21 等。

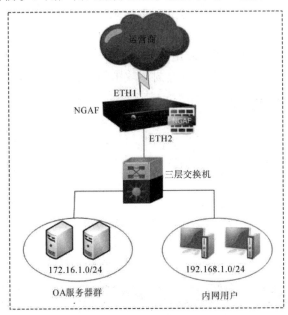

图 5.28　服务器保护案例拓扑图

设置安全策略的步骤如下：

第一步：在设置策略之前，需要在"网络配置"→ "接口/区域"中定义好接口所属的"区域"，在"对象定义"→"IP 组"中定义好服务器所属的"IP 组"。此案例中，需要将 ETH2 定义为"内网区"，ETH1 定义为"外网区"，172.16.1.0/24 定义为"服务器组"，如图 5.29 所示。

| IP组 | | | |
|---|---|---|---|
| ✚ 新增　✕ 删除　↻ 刷新 | | | |
| □ 序号 名称 | 描述 | | 删除 |
| □ 1 全部 | 任意IP地址，系统内置，不可编辑或删除 | | ✕ |
| □ 2 249服务器 | | | ✕ |

| 接口/区域 | | | | |
|---|---|---|---|---|
| 物理接口　子接口　VLAN接口　**区域**　接口联动 | | | | |
| ✚ 新增　✕ 删除　↻ 刷新 | | | | |
| □ 区域名称 | 转发类型 | 接口列表 | 管理选项 | 管理地址 |
| □ 外网区 | 三层区域 | eth1 | WebUI, ssh, snmp | 全部 |
| □ 内网区 | 三层区域 | eth3 | WebUI, ssh, snmp | 全部 |
| □ DMZ区 | 三层区域 | eth2 | WebUI, ssh, snmp | 全部 |

图 5.29　IP 和接口/区域配置

第二步：进入 Web 应用防护界面，单击"新增"按钮，填写规则名称。此案例中，服务器在内网区，所以要防护攻击；源区域是外网，故选择源区域为"外网区"。页面如图

5.30 所示。

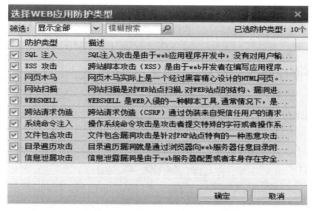

图 5.30　新增 Web 应用防护

第三步：选择目的区域为"内网区"，目的 IP 为"服务器组"，端口设置为 WEB 应用 80；FTP：21；MYSQL：3306；TELNET：23；SSH：22。目的配置如图 5.31 所示。

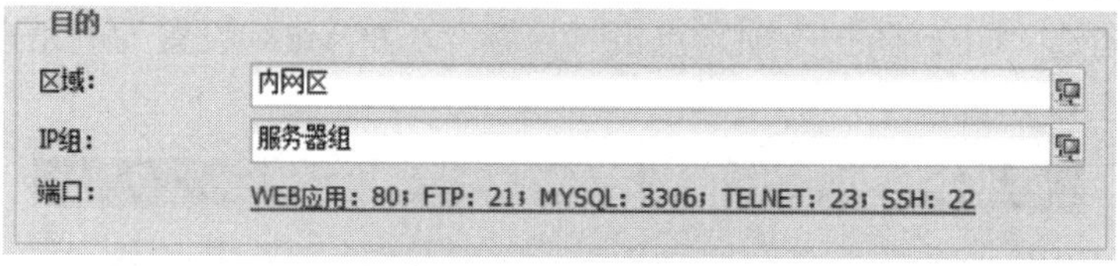

图 5.31　目的区域配置

第四步：设置服务器的防护类型。勾选所有的防护类型，页面如图 5.32 所示。

图 5.32　选择 Web 应用防护类型

第五步：设置应用隐藏。该用户要求针对 FTP 服务器隐藏版本信息，针对 HTTP 服务器隐藏 Server 字段，设置如图 5.33 和图 5.34 所示，再点击【确定】按钮保存即可。

图 5.33　HTTP 应用隐藏(1)

图 5.34　HTTP 应用隐藏(2)

第六步：勾选"URL 防护"项，点击"设置"，将 view 设置为"允许"，不进行检测，页面如图 5.35 所示。

图 5.35　URL 防护设置

第七步：设置 HTTP 异常检测和缓冲区溢出检测。缓冲区溢出检测启用 URL 溢出和 Post Entity 溢出检测，然后在"选择允许的 HTTP 方法"中勾选"GET"及"POST"选项，点击【确定】保存即可，如图 5.36 和图 5.37 所示。

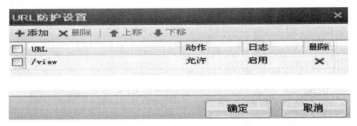

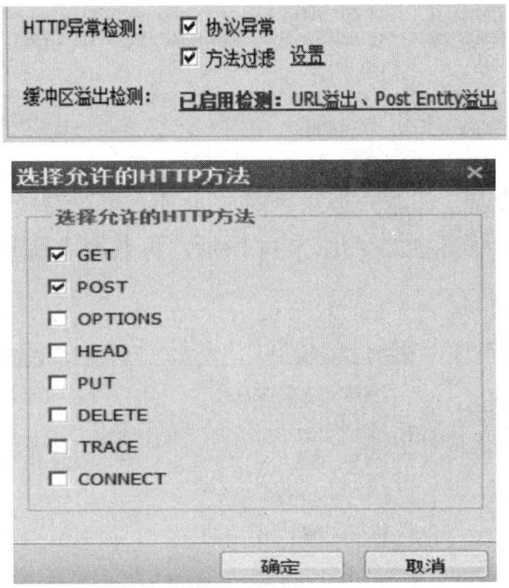

图 5.36　HTTP 异常检测和缓冲区溢出检测配置(1)

图 5.37　HTTP 异常检测和缓冲区溢出检测配置(2)

第八步：勾选"检测攻击后操作"的"动作"为"拒绝"并记录日志，然后点击"提交"保存规则，在 Web 应用防护栏下，即新增了一条"保护服务器"防护策略，如图 5.38 所示。

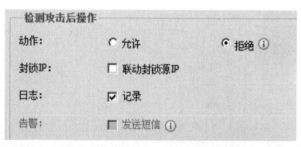

图 5.38　生成的 Web 应用防护策略

本章主要介绍了服务器保护的概念、原理，服务器保护的功能，服务器保护的基本配置，并且从一个具体的案例详细介绍了服务器保护的配置，这是 NGAF 的重点内容，希望

同学们认真掌握。

## ◀◀ 练 习 题 ▶▶

**问答题**

1. FTP 和 HTTP 的应用隐藏分别能够隐藏哪些信息？

2. 敏感信息防护策略组内多个条件之间是什么匹配关系？多条策略之间又是什么匹配关系？

3. 服务器保护主要包括哪几大模块？

# 第 6 章　网页防篡改技术

◆ 学习目标：

⬧ 掌握 NGAF 设备网页防篡改的基本概念和原理；

⬧ 掌握 NGAF 设备网页防篡改 2.0(客户端型防篡改)的原理和配置；

⬧ 了解 NGAF 设备网页防篡改 1.0(网关型防篡改)的原理。

◆ 本章重点：

⬧ NGAF 设备网页防篡改的基本概念和原理；

⬧ NGAF 设备网页防篡改 2.0(客户端型防篡改)的原理和配置。

◆ 本章难点：

⬧ NGAF 设备网页防篡改的基本概念和原理；

⬧ NGAF 设备网页防篡改 2.0(客户端型防篡改)的原理和配置。

◆ 建议学时数：6 学时

　　网站服务器容易被非法篡改数据，当数据被篡改后用户看到的页面就变成了非法页面或者损害企事业单位形象的网页，往往给企事业单位造成一定不良影响，甚至造成一定的经济损失。网站篡改防护可有效降低该风险，当内部网站数据被篡改之后，设备可以重定向到备用网站服务器或者指定的其他页面，并且及时地通过短信或者邮件方式通知管理员。

## 6.1　NGAF 防篡改的基本原理

　　什么是网页篡改？我们通过一个截图去了解它，如图 6.1 所示。

　　图 6.1 中假设左图为正常的网页，右图为客户端显示的网页，我们从图中可以看到右侧的图形跟左侧的图形比较发生了变化，也就是客户端查看的网页与服务器端的网页出现了不一致的情况，这就是网页篡改。

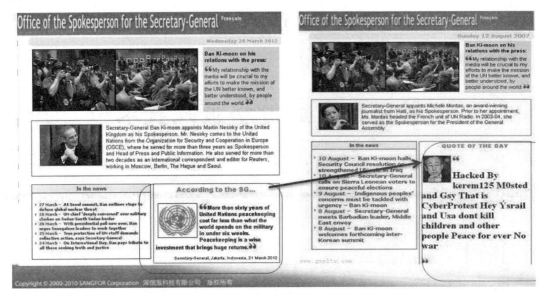

图 6.1　网页篡改

网页篡改的方式有：① 替换整个网页；② 插入新链接；③ 替换网站图片文件(最常见)；④ 小规模编辑网页；⑤ 因网站运行出错导致结构畸变；⑥ 新增一个网页；⑦ 删除一个网页。

## 6.2　NGAF 网关防篡改的基本原理

NGAF 网关防篡改也就是防篡改 1.0，深信服的网页防篡改技术分为 1.0 和 2.0，1.0 为网关防篡改技术，2.0 为客户端防篡改技术，我们需要重点掌握的为客户端防篡改技术，对于网关防篡改技术，我们只需做一了解即可。

NGAF 网关防篡改的流程如下：

(1) 在服务器端抓取正常网页内容并缓存，如图 6.2 所示。

图 6.2　正常的网页

(2) 对比客户获取网页与缓存网页，如图 6.3 所示。

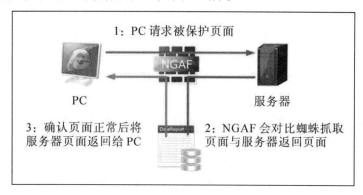

图 6.3　网页获取过程

网页获取流程为：① 客户端请求服务器端的网页；② 服务器端会将服务器端产生的页面保存到 NGAF 设备的缓存中，然后通过蜘蛛抓取将返回给客户端的页面与在 NGAF 设备缓存中的页面进行比较；③ 比较后如果一致，则确认网页未被篡改，将服务器页面返回给客户端。

(3) 出现网页篡改，返回维护页面或者还原网站，如图 6.4 和图 6.5 所示。

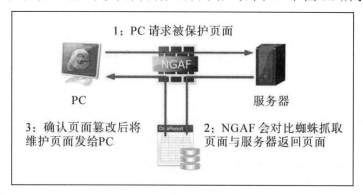

图 6.4　网页发生篡改的流程(1)

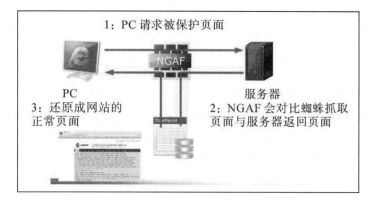

图 6.5　网页发生篡改的流程(2)

网页发生篡改的工作流程为：① 客户端请求服务器端的网页；② 服务器端会将服务

器端产生的页面保存到 NGAF 设备的缓存中，然后通过蜘蛛抓取将返回给客户端的页面与在 NGAF 设备缓存中的页面进行比较；③ 如果发现通过蜘蛛抓取返回给客户端的页面与 NGAF 设备缓存中的页面不一致，则说明网页被篡改，这时我们将向客户端返回维护页面或者返回服务器端的页面(还原网站)。

网页发生篡改后 NGAF 的动作：

(1) 还原：当 AF 发现篡改发生，AF 的处理如下：

① 还原网站，客户访问的结果和原来一样。

② 返回维护页面，维护页面可以是默认的，或者自定义 HTML 页面，或者重定向篡改前的页面，或者重定向到某个站点。

(2) 邮件告警：发生网页篡改后，NGAF 会出现邮件告警，具体配置后面会讲到。

(3) 短信告警：短信告警需要配置短信猫。

① 短信猫使用 USB 接口。

② 短信猫仅支持 GSM 制式 SIM 卡。

③ 短信猫支持热插拔。

④ 短信猫无配置页面，无需任何配置。

⑤ 查看系统日志并发送测试短信可确认短信猫工作状态。

# 6.3　NGAF 客户端防篡改的基本原理

为什么会产生网页防篡改 2.0 呢？

深信服 NGAF 防篡改 1.0 解决方案是基于缓存网站的，会在设备中缓存客户网站内容，当检测到访问内容与缓存不符时即替换，此类方案的通病如下：

(1) 原有实现方式是事后阶段并不能够阻止黑客篡改网页，客户要求我们能够在事中杜绝黑客修改网站。

(2) 原有实现方式对于 php、asp、jsp 类动态网页的防护效果有一定的局限性。

(3) 原有防篡改功能对设备型号有一定要求。

最新版深信服 AF6.2 网页防篡改解决方案采用文件保护系统，和新一代防火墙紧密结合，功能联动，保证网站内容不被篡改。

采用二次认证方式对网站后台进行认证加强，在访问网站后台前需要对访问者进行 IP 认证或邮件认证，防止因网站后台密码泄露造成网站篡改。

在服务端上安装驱动级的文件监控软件，监控服务器上的程序进程对网站目录文件进行的操作，不允许的程序无法修改网站目录内的内容。

所以我们可以看出网页防篡改 2.0 比网页防篡改 1.0 技术更加先进，网页防篡改 2.0 可以主动预防网页篡改，网页防篡改 1.0 则是被动的，只能在被篡改后给客户端返回维护页面或者还原为正常的网页。

防篡改 2.0 二次认证相关界面，新增网站后台防护功能，防止黑客登录网站管理后台及 FTP 登录防护设置，如图 6.6 所示。

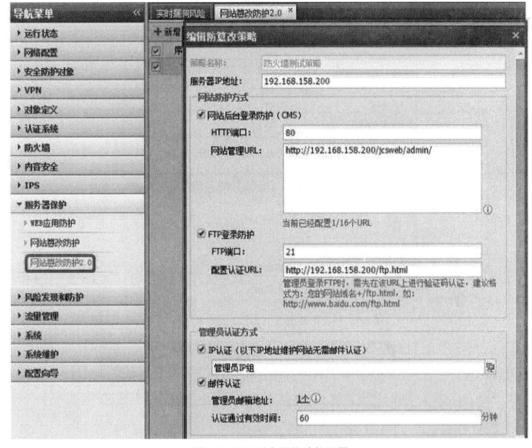

图 6.6　网站后台防护功能配置

　　未使用二次认证防护时可以直接访问到后台，如图 6.7 所示。而使用二次认证防护之后，访问网站的管理路径强制弹出二次认证页面，只有认证通过，才能管理后台，增强了网页防篡改的能力，如图 6.8 至图 6.10 所示。

图 6.7　未使用二次认证直接访问到后台

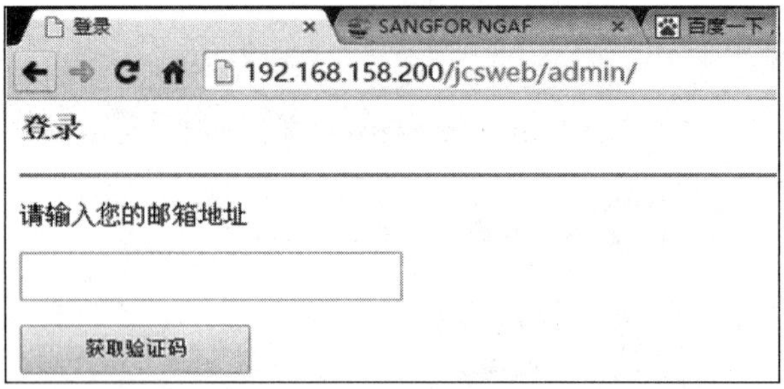

图 6.8　网页防篡改 2.0 二次认证效果展示(1)

图 6.9　网页防篡改 2.0 二次认证效果展示(2)

图 6.10　网页防篡改 2.0 二次认证效果展示(3)

　　防篡改 2.0 客户端界面展示：新增 Windows 服务器防篡改客户端，从底层保护网站文件系统，仅允许 http 服务器进程修改文件，拦截非 Web 方式篡改网站，如图 6.11 所示。

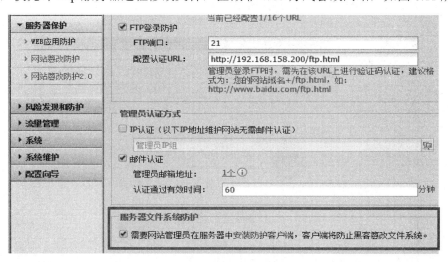

图 6.11　网页防篡改 2.0 客户端配置(1)

任何一个客户端均可通过网站地址 http://sec.sangfor.com.cn/tamper/进入深信服安全中心，然后下载防篡改 2.0 客户端软件。下载安装后按图 6.12 所示界面进行配置，即开启客户端，关联防火墙、添加网站目录、添加允许修改的应用程序几项内容。

图 6.12　网页防篡改 2.0 客户端配置(2)

假设一个场景：某客户经常使用远程桌面来维护某公司的 Web 服务器，由于使用远程桌面时采用了弱密码而被黑客暴力破解拿到了登录权限，试想一下会发生什么？

一个常规的入侵思路就是：远程桌面到客户的 Web 服务器上修改客户网站目录下的网页文件，实现自己的篡改目的。

如果说这台服务器上安装了深信服的防篡改 2.0 客户端，会有什么不一样的效果呢？

黑客操作如下：

(1) 暴力破解 3389 端口，拿到客户的远程桌面密码。

(2) 远程登录到客户的 Web 服务器上。

(3) 开始修改 Web 代码重新给网站做一个恶意主页。

我们使用了网页防篡改 2.0 保护网站后会发生什么？结果截图如图 6.13 至图 6.15 所示，同学们想想原理是什么呢？

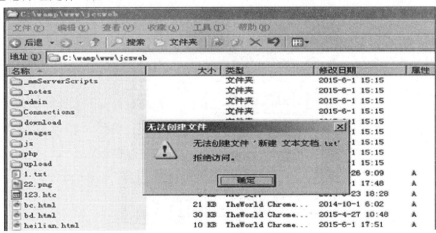

图 6.13　保护后的黑客无法在后台创建文件

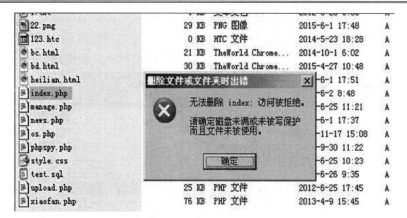

图 6.14　保护后的黑客无法在后台删除文件

```
return implode('', $new_str) . '...';
}

?>
<!DOCTYPE html PUBLIC "-//W3C//DTD XHTML 1.0 Transitional//EN" "http://
<html xmlns="http://www.w3.org/1999/xhtml">
<head>
<meta http-equiv="Content-Type" content="text/html; charset=utf-8" />
<title>市人力资源和社会保障局</title>
<link href="style.css" rel="stylesheet" type="text/css" media="all" />
<script type="text/javascript" src="js/jQuery.js"></script>
</head>
<body>
<div id="wrapper">
  <div id="header"> <img src=              jpg" /> </div>
  <div id="nav" class="nav">
    <ul>
      <li id="home" class="            ">首页哈哈哈网安你懂</a></
      <li><a href="#">组织机            </a></li>
      <li><a href="#">政务公开</a></li>
      <li><a href="#">办事服务</a></li>
      <li><a href="#">互动评议</a></li>
      <li><a href="heilian.html">就业</a></li>
      <li><a href="./bd.html">社会保险</a></li>
      <li><a href="./bc.html">公务员及事业单位</a></li>
```

图 6.15　保护后的黑客无法在后台修改文件

黑客继续操作，按黑客的思维：肯定有一个软件在做防护，找出这个软件，原来是深信服的防篡改客户端，那我就卸载掉它，先尝试结束进程，然后再卸载程序，我们看看效果，如图 6.16 至图 6.18 所示。

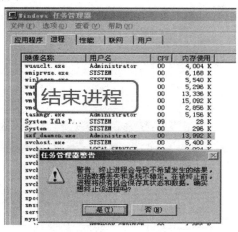

图 6.16　黑客尝试修改进程

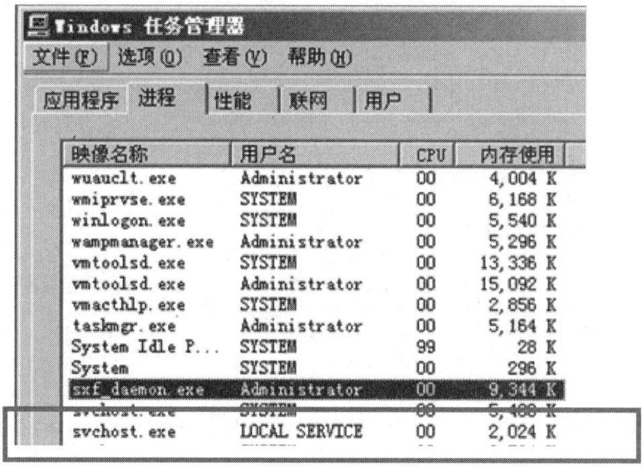

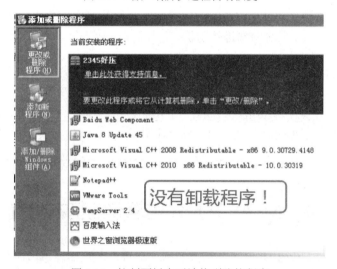

图 6.17　客户端防护进程自动恢复

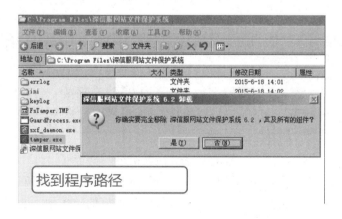

图 6.18　控制面板中无法找到防护程序

　　如果黑客找出文件防护程序的安装路径，要直接对安装文件进行删除，则需要输入登录密码，如图 6.19 和图 6.20 所示。

图 6.19　黑客找到防护程序的安装路径进行删除

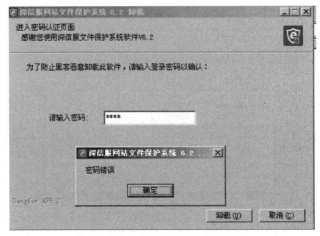

图 6.20　删除文件保护系统截图

由此可见，网页防篡改 2.0 对网站的防护是既全面又严格，所以深信服 NGAF 产品一般都使用网页防篡改 2.0 来对网站进行防护。

 注意

---

(1) 目前防篡改 2.0 只支持 Windows 2003 以上的 Web 服务器，不支持 Linux 服务器。

(2) 防篡改 2.0 和 1.0 共享序列号，即开通了 1.0 之后 2.0 可以免费使用。

---

## 6.4　NGAF 客户端防篡改的基本配置

下面我们来研究 NGAF 客户端防篡改的基本配置，客户端防篡改工作方式如下：管理员预先在控制台设置好需要防护的网站，设置后，AF 设备会向该网站请求页面并且缓存到设备上。当用户访问网站的时候，数据经过 AF 设备，AF 设备根据预先缓存的页面与用户访问的页面进行比对，如有变动，则判断为篡改，跳转到指定页面并且通知管理员。如图 6.21 所示。

图 6.21　启用防篡改功能

"更新本地缓存"：点击更新本地缓存，则设备会向已经勾选的网站更新缓存页面。

"批量编辑"：点击批量编辑，可以修改已经新增好的防护网站的相关策略。

"网站管理员"：启用网站篡改防护后，可以指定某个防护网站由网站管理员维护。

勾选"启用防篡改功能"，则启用网站篡改防护。点击"新增"，界面如图 6.22 和图 6.23 所示。

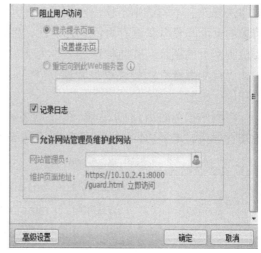

图 6.22　新增防护网站配置(1)　　　　　　图 6.23　新增防护网站配置(2)

"网站名称"：自定义需要防护的网站名称。

"起始 URL"：用于定义需要防护的网站 URL 地址。该处的格式要求必须是完整的 URL 地址，例如 http://www.domain.com。

"网站服务器"：用于设置起始 URL 域名和 IP 地址的对应关系。IP 地址是指用户访问网站的数据包经过此设备时的目的 IP 地址。界面设置如图 6.24 所示。

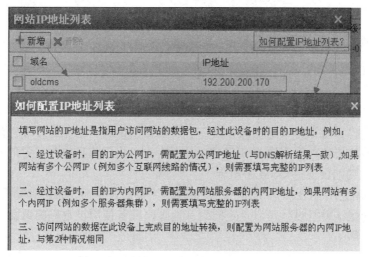

图 6.24　网站服务器配置

"最大防护深度"：默认值为 5。当设定起始 URL 后，设备会请求该 URL 并且缓存该 URL 页面，如果该 URL 里有一个 URL 链接 B，那么设备也会请求链接 B 并且缓存 B 页面。依此类推，设备也会请求链接 B 里面的链接并且继续缓存。防护深度范围为 1～20。

"篡改检测方式"：用于设置此网站的篡改检测方式。一般情况下如果是纯静态网页，则选择"精确匹配"，全动态页面的网站选择"模糊匹配-灵敏度低"，静/动态网页都有的网站可选择"模糊匹配-灵敏度高"或者"模糊匹配-灵敏度中"。

"检测资源文件篡改"：如果网页里面带有图片，则可以勾选此选项来检验图片是否被非法篡改。不勾选则不检测网页里的图片。图片的检测采用的是精确匹配方式，即用户请求的页面与设备里缓存页面进行对比，图片文件必须一模一样才可通过 AF 设备检测。要检测网页的图片，其防护深度至少为 2。

"检测黑链"：如果攻击者篡改页面，插入其他网站链接打广告，则可以通过勾选此选项进行检验。

"网站被篡改后/通知管理员"：设备检测到篡改发生后，可以通过邮件和短信的方式通知管理员。最多可同时设置 5 个邮箱和 5 个手机。举例如图 6.25 所示。

图 6.25　邮件和短信方式通知管理员

点击"发送测试"，可以发送测试邮件或者短信到指定的邮箱和手机号码，页面如图 6.26 所示。

图 6.26　发送测试

注意：

(1) 必须在"系统"→"邮件服务器"中设置好相关选项才能进行邮件告警。

(2) 使用短信告警功能需要将 SIM 卡插入短信猫，将短信猫接到设备的 USB 口才能使用 2.1 版本，此功能仅支持 GSM 手机卡。

"网站被篡改后/阻止用户访问"：设备检测到篡改发生后，通常情况需要阻止用户访问到被篡改的页面，并且设备可以重定向到其他页面或者使用设定好的页面返回给用户端。界面如图 6.27 所示。

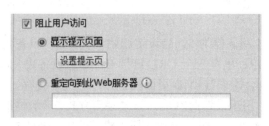

图 6.27　阻止用户访问

"网站被篡改后/记录日志"：勾选该选项可以将日志信息记录到设备的内置数据中心。

"允许网站管理员维护此网站"：可以通过该选项实现不同的网站由不同的管理员进行维护，可做的操作有更新本地缓存、启用禁用防篡改功能等。网站管理员通过设备的 8000 端口进入，如图 6.28 所示。

图 6.28　允许管理员维护此网站

使用网站管理员登录后仅能管理防火墙管理员授权的网站，维护页面如图 6.29 所示。

图 6.29　管理员登录后的维护页面

至此，客户端网页防篡改基本配置完成。

# 6.5　网页防篡改应用案例

某用户拓扑如图 6.30 所示，按 NGAF 路由模式部署。

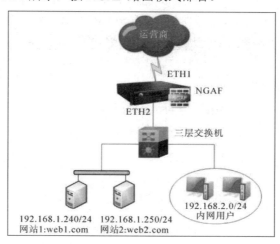

图 6.30　案例拓扑图

内网有两个网站服务器，用户需求如下：

(1) NGAF 设备对网站服务器进行防护，发生非法篡改，则禁止外网用户访问被篡改的网页，返回用户端提示页面。

(2) 网站 1 和网站 2 分别由两个管理员维护(管理员 1 与管理员 2)，例如网站 1 的管理员更新了网站 1，则由管理员 1 登录防篡改管理系统更新本地缓存。

(3) 网站 1 发生篡改，则发送邮件告警(test1@doamin.com)和短信告警(13800138000)通知管理员 1。邮件服务器使用 administrator@domain.com 邮箱的 SMTP 信息。

(4) 网站 2 发生篡改，则发送邮件告警(test2@domain.com)和短信告警(13800138001)通知管理员 2。邮件服务器使用 administrator@domain.com 邮箱的 SMTP 信息。

操作过程如下：

第一步：基础网络配置。(略)

第二步："服务器保护"→"网站篡改防护"，勾选"启用防篡改功能"，点击网站管理员，新建两个网站管理员账号，界面如图 6.31 所示。

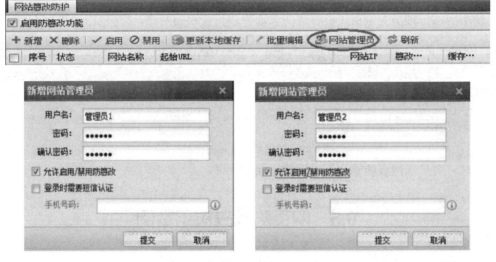

图 6.31　启用防篡改功能和新增网站管理员配置

第三步："系统"→"邮件服务器"，设置好 SMTP 服务器信息，界面如图 6.32 所示。

图 6.32　邮件服务器配置

第四步："服务器保护"→"网站篡改防护"，点击(新增)，新建两个防护策略分别针对网站 1 和网站 2，如图 6.33 至图 6.35 所示。

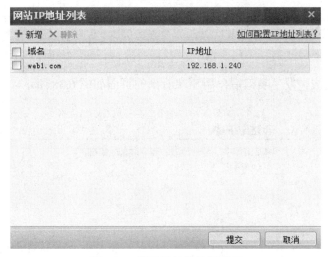

图 6.33　新建网站防护策略(1)

图 6.34　新建网站防护策略(2)

图 6.35　新建网站防护策略(3)

按图 6.27 至图 6.29 的方法创建网站 2，在此不再赘述。两个防护网站建好后如图 6.36 所示。

图 6.36　新建网站防护策略

第五步：管理员 1 与管理员 2 可以分别通过 https://设备 IP:8000 登录设备进行管理。登录后的界面如图 6.37 所示。

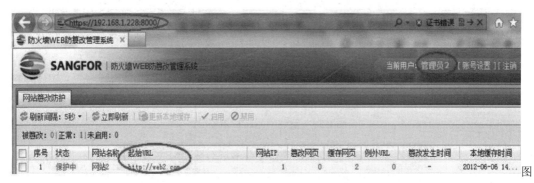

6.37　管理员登录界面

至此，配置完成。发生篡改后，用户端看到的页面如图 6.38 所示。

图 6.38　用户端界面

**注意：**

(1) 该案例中还不需要将一张 GSM 的 SIM 卡插入短信猫并且将短信猫接到设备的 USB 口才可实现发送短信功能。

(2) 如果仅仅是图片发生篡改，勾选了 ，则 AF 设备可以还原正常的缓存图片给客户端。

(3) 点击 添加为例外 ，则可以排除 AF 设备对该页面的防篡改检测。界面如图 6.39 所示。

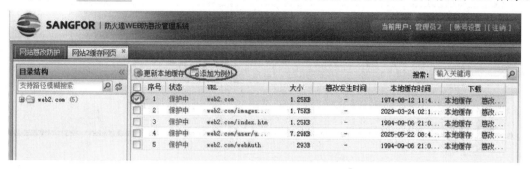

图 6.39　添加为例外界面

# 本章小结

本章主要介绍了网页防篡改技术的概念、术语，网页防篡改 1.0 的基本原理，网页防篡改 2.0 的基本原理和基本配置，然后通过一个案例讲解了网页防篡改的应用。本章中，网页防篡改 2.0 的基本原理和基本配置是重点，希望同学们认真掌握。

# ◀◀ 练 习 题 ▶▶

**问答题**

1. 简单描述防篡改原理的数据流程图或者步骤。

2. 网站管理员能分配哪些权限？

3. 防篡改 2.0 是否支持 Linux 客户端？

4. 防篡改 2.0 的二次认证有哪两种认证方式？

*Chapter 7*

# 第7章　流量管理技术

◆ **学习目标:**

➲　了解 NGAF 设备虚拟线路功能的作用,掌握虚拟线路规则和虚拟线路的配置方法;

➲　掌握流量管理通道的配置方法,能够根据客户需求设置符合条件的流量管理通道;

➲　了解排除策略的应用环境,掌握配置方法。

◆ **本章重点:**

➲　虚拟线路规则和虚拟线路的配置方法;

➲　流量管理通道的配置方法。

◆ **本章难点:**

➲　虚拟线路规则和虚拟线路的配置方法;

➲　流量管理通道的配置方法。

◆ **建议学时数: 6 学时**

　　流量管理功能是对用户上网的带宽进行分配,主要应用于互联网出口的带宽管理。SANGFOR 流量管理系统采用基于队列(Per Flow Queuing)的流量处理机制,真正意义上帮助用户构建可视、可控、可优化的高效网络。应用防火墙(AF)的流量管理相对于上网行为管理(AC)无子通道功能(且需要外网接口为 WAN 属性才能生效)。

## 7.1　流量管理概述

　　流量管理是通过建立流量管理通道对各种上网应用的流量大小进行控制的。流量管理的具体功能是:流量管理系统提供了带宽保证和带宽限制功能,通过带宽保证可以保证重要应用的访问带宽,通过带宽限制可以做到限制用户组/用户上下行总带宽、各种应用的带宽等。流量管理系统同时提供流量子通道的功能,可以根据需求建立流量子通道,对通道流量做更为细化的分配。

　　流量管理的基本术语有:流量通道、带宽限制通道、带宽保证通道、虚拟线路。

(1) 流量通道：根据服务类型，访问控制用户组，把整个线路带宽按百分比分解成若干份，这样的每一份为一个流量通道。根据流量通道的作用不同，流量通道可分为带宽保证通道和带宽限制通道。

(2) 带宽限制通道：对此通道的最大流速进行设置。网络繁忙时，该通道占用带宽不会超过设置的最大带宽值。

(3) 带宽保证通道：不仅设置此通道的最大带宽，而且设置最小带宽。当网络繁忙时，保证该通道的带宽不小于设置的最小带宽值。

(4) 虚拟线路：用于将设备的物理网络接口和流量通道中的"生效线路"对应，指明从哪个接口出去的数据才匹配该流量通道。

# 7.2　流量管理配置

## 7.2.1　流量通道匹配及优先级

当流量管理系统处于"启用"状态时，数据经过设备时，会根据数据的相关信息，匹配流量通道，匹配的条件包括：用户组/用户、IP 地址、应用类型、生效时间、目标 IP 组，当数据包的所有条件满足时，即匹配到通道。

相同的数据只会匹配一条流控策略，流量通道的匹配顺序是从上到下匹配的，所以设置的时候需要把具有更细化匹配条件的通道放在上面。

## 7.2.2　通道配置

通道配置用于保证重要应用的使用，通过设置最小带宽值，保证特定类型的数据占用带宽不小于某个值，从而保证在线路比较繁忙的时候，重要应用可以有带宽能正常使用。

例如：公司租用了一条 10 Mb/s 电信线路，内网有 1000 名上网用户，保证财务部访问网上银行网站和收发邮件的数据在线路繁忙时占用带宽也不小于 2 Mb/s，但是最大不能超过 5 Mb/s。

设置步骤如下：

第一步：进入"流量管理"→"通道配置"，先启用流量管理系统。勾选"启用流量管理系统"，启用流量管理，如图 7.1 所示。

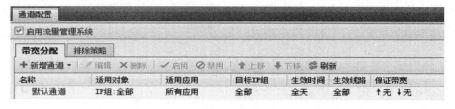

图 7.1　通道配置

第二步：配置虚拟线路。

虚拟线路列表显示当前的虚拟线路，此处用于将设备的物理网络接口和通道配置中需要调用的生效线路对应起来，指明数据从哪个接口(哪条生效线路)出去时才匹配流控通道，点击"新增", 弹出"新增虚拟线路"设置页面, 设置如图 7.2 所示。

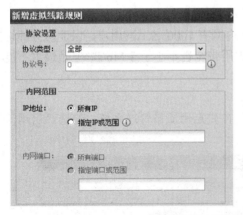

图 7.2　"新增虚拟线路"设置界面

"外出接口": 指明数据从哪个接口出去时才匹配此虚拟线路, 只能选择属性是 WAN 口的口。

"上行": 配置该物理线路的上行带宽, 此处一定要按照出口的实际带宽设置, 否则可能导致流控效果不理想。

"下行": 配置该物理线路的下行带宽, 此处一定要按照出口的实际带宽设置, 否则可能导致流控效果不理想。

如果有多个外网接口都需要做流控, 则需要定义多条虚拟线路, 点击"新增", 继续添加其他的虚拟线路。

**注意**: 定义好虚拟线路之后, 一定要设置对应的虚拟线路规则, 引用该虚拟线路, 否则流控通道设置是无效的。

虚拟线路规则是流控通道生效的必要设置, 可以根据不同的协议、内网范围和外网范围、外出接口来匹配不同的虚拟线路规则。

在"流量管理"→"虚拟线路配置"→"虚拟线路规则"中, 点击"新增", 弹出【新增虚拟线路规则】编辑页面, 设置界面如图 7.3 所示。

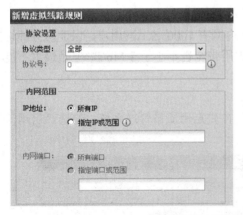
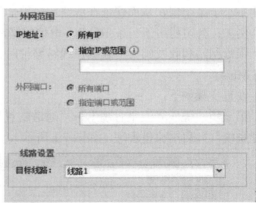

图 7.3　新增虚拟线路规则界面

"协议设置": 用于指定数据包的协议。

"内网范围": 用于设置数据包的源 IP 和源端口条件。

"外网范围": 用于设置数据包的目标 IP 和目标端口条件。

"目标线路": 指定匹配该虚拟线路规则的数据包匹配哪条虚拟线路, 即从哪个接口转发。

当虚拟线路成为某条虚拟线路规则的目标线路后，针对该线路做的流控通道才生效。

第三步：配置保证通道。

本例是针对财务部人员访问网上银行类别的网站以及收发邮件的数据做带宽保证。

在【带宽分配】中点击"新增通道"，选择"添加通道"，出现【新增一级通道】页面，如图 7.4 所示。

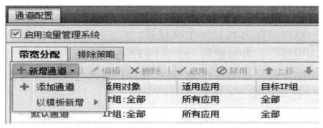

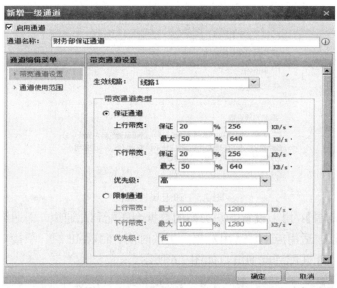

图 7.4　新增一级通道并做相应设置

勾选"启用通道"，表示该通道是启用状态；不勾选则为禁用状态，流控功能暂时不生效。

在"通道名称"中输入该通道的名称。

在【通道编辑菜单】中选择"带宽通道设置"，在右边窗口中设置通道相关属性。

【带宽通道设置】：用于设置生效线路、通道类型、限制或保证的带宽、单个用户带宽等。

"生效线路"用于选择通道适用的线路，也就是当数据走此条线路时才会匹配到该通道。生效线路中所列的线路需要事先在虚拟通道设置中设置。关于虚拟通道的设置参见前面的配置。

"带宽通道类型"用于选择通道类型并定义带宽值。此例中需要对财务部人员访问网上银行类别的网站以及收发邮件的数据做带宽保证，保证带宽至少为 2 Mb/s，最高不超过 5 Mb/s，故此处勾选"保证通道"，设置"上行带宽"、"下行带宽"的"保证"和"最大"分别为 20% 和 50% 的总带宽，总带宽是 10 Mb/s，则保证带宽为 2 Mb/s，最大带宽为 5 Mb/s。"优先级"分为高、中、低三类，指其他通道空闲时此通道占用空闲带宽的优先级。

"启用限制单 IP 最大带宽"用于限制匹配到此通道的单个 IP 占用的带宽值。此例中不需要对单个用户做最大带宽的限制，故此处不勾选。

"用户间带宽分配策略"用于设置匹配到此通道的用户，带宽怎样在用户间进行分配，默认选择的是"平均分配"，即用户间的带宽是平均分配的。注意，这里的用户是指有流量匹配到此通道的用户，属于"通道使用范围"内但没有此类应用流量的用户不参与平均分配。"自由竞争"这种分配方式暂时不能设置。

勾选"高级选项设置"，表示把每一个外网 IP 作为通道内的用户，使得通道的用户间公平分配带宽以及单用户最高带宽属性对外网 IP 有效(此选项通常用于对外提供服务的服务器，请慎重选择)，配置如图 7.5 所示。

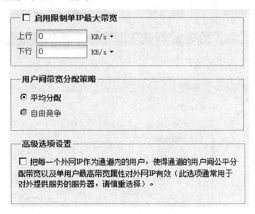

图 7.5　通道属性编辑

【通道使用范围】：用于设置哪些类型的数据会匹配到此通道，即通道的使用范围。此处设置的范围包括：适用应用、适用对象、生效时间、目标 IP 组、子接口、Vlan，这些条件需要全部满足才能匹配到此通道，如图 7.6 所示。

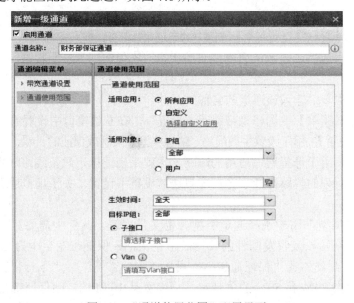

图 7.6　"通道使用范围"配置界面

"适用应用"用于设置应用类型。勾选"所有应用"，表示针对所有类型的数据有效；勾选"自定义"可选择特定的应用类型，点击"选择自定义应用"，在弹出的【自定义适用服务与应用】界面中选择应用类型和网站类型。此例中需要对收发邮件和访问网上银行的网站数据做带宽保证，故此处选择应用类型为"邮件/全部"，网站类型为"网上银行"，如图 7.7 所示。

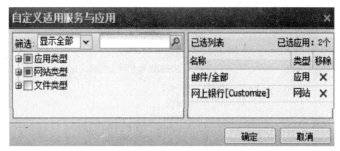

图 7.7　"自定义适用服务与应用"配置窗口

另外，"文件类型"用于对通过 HTTP、FTP 协议下载的文件类型做控制。在【已选列表】中确认选择的范围是否正确，点击【确定】按钮，完成适用应用的设置。

"适用对象"用于设置此通道对哪些用户、用户组、IP 生效。适用对象可以基于 IP，也可以基于用户。此例中需要对财务部的所有用户做带宽保证，故此处选择"用户"。在【组织结构】中选择需要的组路径，在【当前组路径】中选择用户组和用户，在【已选自定义组和用户】中查看已选的用户、用户组列表。选择好适用对象后，点击【确定】按钮，完成设置，如图 7.8 所示。

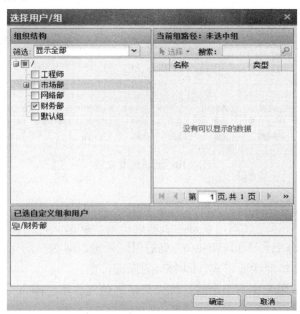

图 7.8　"选择用户/组"界面

"生效时间"用于设置此通道的生效时间。

"目标 IP 组"用于设置目标 IP 条件。

"子接口"用于设置流量通道适用的子接口。

"Vlan" 用于设置流量通道适用的 Vlan。

设置完成后，界面显示如图 7.9 所示。

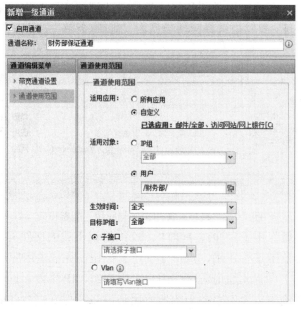

图 7.9 "通道使用范围" 配置界面

设置完成后，点击【确定】，完成保证通道的设置。

第四步：点击【确定】保存后，【带宽分配】中会出现设置的通道。至此，保证通道配置完成，如图 7.10 所示。

图 7.10 通道配置完成

**注意：**

① 保证带宽通道百分比之和可能会超过 100%，当超过 100% 时，各保证通道的最小带宽值会按照比例进行缩减。比如，设置两条通道，第一条保证带宽设为 30%，第二条设为 90%，则第一条实际分配到 "30/(90+30)"% 的保证带宽，即 25% 的保证带宽，第二条实际分配到 "90/(90+30)"% 的保证带宽，即 75% 的保证带宽。

② 优先级：当实际带宽有空余时，优先级越高越先占用空闲带宽。

### 7.2.3 限制通道

设置通道的最大带宽，对于匹配到此限制通道的数据进行流量控制，控制占用带宽不得超过设置的最大带宽值。

例如：公司租用了一条 10 Mb/s 的电信线路，内网有 1000 名上网用户，发现很多市场部人员经常使用迅雷或 P2P 等下载工具进行下载，占用了大部分带宽，影响了其他部门正常的办公业务，通过流量管理系统将市场部的这部分数据占用的带宽限制在 2 Mb/s 之内，并且每个用户这部分数据的占用带宽限制在 30 kb/s 之内。

设置步骤如下：

第一步：进入"流量管理"→"通道配置"，先启用流量管理系统。勾选"启用流量管理系统"，启用流量管理。

第二步：进入"流量管理"→"虚拟线路配置"，配置虚拟线路列表和虚拟线路规则，设置方法见 7.2.2 节中的虚拟线路配置。

第三步：配置限制通道。

本例中是对市场部人员的 P2P、下载数据进行流控，限制这些应用占用的总带宽不超过 2 Mb/s。

在【带宽分配】中点击"新增通道"，选择"添加通道"，出现【新增一级通道】页面。勾选"启用通道"，表示该通道是启用状态；不勾选则为禁用状态，通道暂时不生效。

在"通道名称"中输入该通道的名称，"所属通道"用于显示通道级别，"/"表示此通道是一级通道。

在【通道编辑菜单】中选择"带宽通道设置"，在右边窗口中设置通道的相关属性，如图 7.11 所示。

图 7.11　新增一级通道设置

【带宽通道设置】：用于设置生效线路、通道类型、限制或保证的带宽、单个用户带宽等。"生效线路"用于选择通道适用的线路，也就是当数据走此条线路时才会匹配到此通道。

　　"带宽通道类型"用于选择通道类型并定义带宽值。此例中需要对市场部的 P2P、下载等数据进行带宽限制，故此处勾选"限制通道"，设置"上行带宽"、"下行带宽"分别为 20% 的总带宽，总带宽是 10 Mb/s，则限制带宽为 2 Mb/s。"优先级"分为高、中、低三类，指线路繁忙时通道占用带宽的优先级。

　　"启用限制单 IP 最大带宽"用于限制匹配到此通道的单个 IP 占用的带宽值。此例中需要将市场部每个用户 P2P、下载等数据的占用带宽限制在 30 kb/s，故在"上行"、"下行"带宽中分别输入 30 kb/s，如图 7.12 所示。

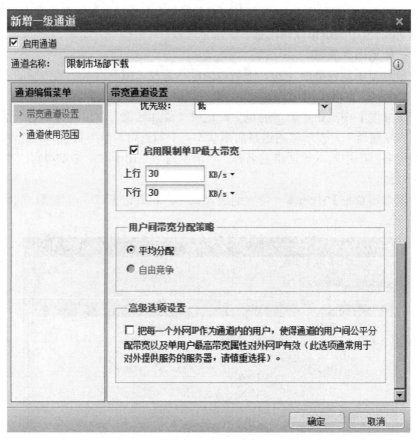

图 7.12　　"带宽通道设置"配置界面

　　"用户间带宽分配策略"用于设置匹配到此通道的用户，带宽怎样在用户间进行分配，默认选择的是"平均分配"，即用户间的带宽是平均分配的。注意，这里的用户是指有流量匹配到此通道的用户，属于"通道使用范围"内但没有此类应用流量的用户不参与平均分配。"自由竞争"这种分配方式暂时不能设置。

　　勾选"高级选项设置"，表示把每一个外网 IP 作为通道内的用户，使得通道的用户间公平分配带宽以及单用户最高带宽属性对外网 IP 有效(此选项通常用于对外提供服务的服务器，请慎重选择)。

　　【通道使用范围】：用于设置哪些类型的数据会匹配到此通道，即通道的使用范围。此处设置的范围包括：适用应用、适用对象、生效时间和目标 IP 组，这些条件需要全部满足才能匹配到此通道，如图 7.13 所示。

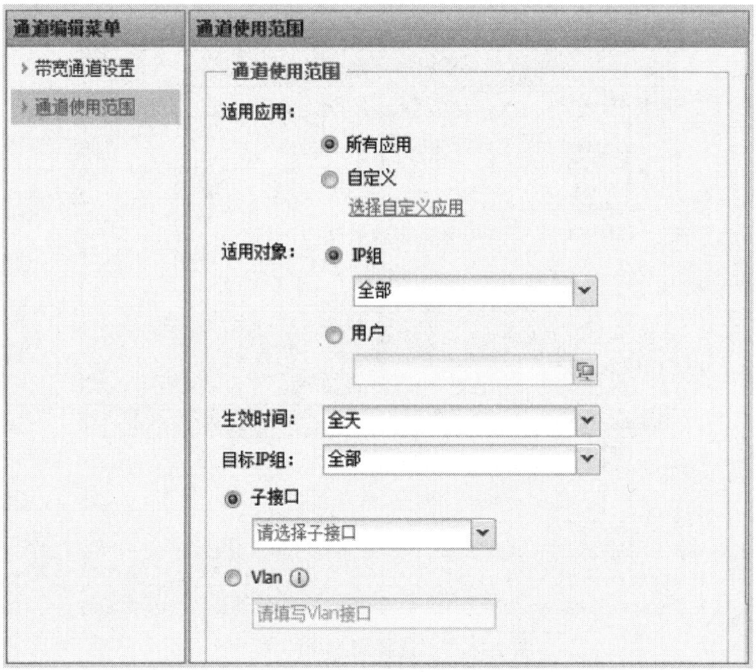

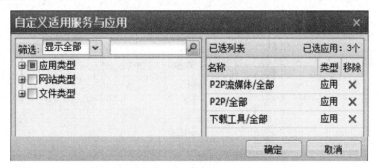

图 7.13　"通道使用范围"配置界面

"适用应用"用于设置应用类型。勾选"所有应用",表示针对所有类型的数据有效;勾选"自定义"选择特定的应用类型,点击"选择自定义应用",在弹出的"自定义适用服务与应用"页面中选择应用类型。此例中需要对 P2P 相关数据和用下载工具下载的数据进行流控,故此处选择应用类型为"下载工具/全部"、"P2P/全部"、"P2P 流媒体/全部"。另外,还可以选择"网站类型"和"文件类型"。"网站类型"用于对访问网站的数据,针对某些类型的网站访问进行控制;"文件类型"用于对通过 HTTP、FTP 协议下载的文件类型进行控制。在"已选列表"中确认选择的范围是否正确,点击【确定】按钮,完成适用应用的设置,如图 7.14 所示。

图 7.14　"自定义适用服务与应用"配置窗口

"适用对象"用于设置此通道对哪些用户、用户组、IP 生效。

适用对象可以基于 IP,也可以基于用户。此例中需要对市场部门的所有用户做带宽限制,故此处选择"用户"。在"组织结构"中选择需要的组路径,在"当前组路径"中选择用户组和用户,在"已选自定义组和用户"中查看已选的用户、用户组列表。选择好适用对象后,点击【确定】按钮,完成设置,如图 7.15 所示。

图 7.15　"选择用户/组"配置

"生效时间"用于设置此通道的生效时间。

"目标 IP 组"用于设置目标 IP 条件。

"子接口"用于设置流量通道适用的子接口。

"Vlan"用于设置流量通道适用的 Vlan。

设置完成后，界面显示如图 7.16 所示。

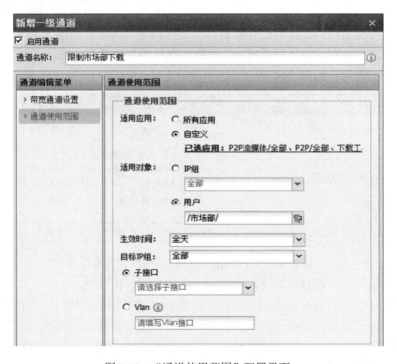

图 7.16　"通道使用范围"配置界面

设置完成后，点击【确定】，完成限制通道的设置。

第四步：点击【确定】保存后，【带宽分配】中会出现设置的通道。至此，限制通道配置完成，如图 7.17 所示。

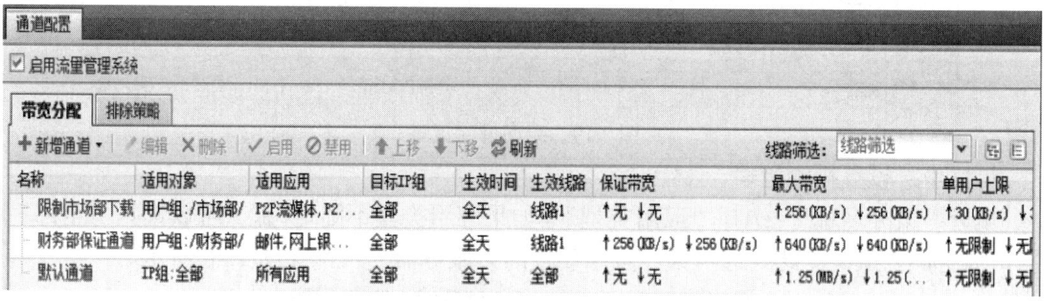

图 7.17　带宽分配

## 7.2.4　排除策略

排除策略用于设置某些类型的数据不匹配任何流量管理通道。设置排除策略的目的在于排除部分数据不受流量管理策略的限制，比如设备做网桥模式部署，前置防火墙的 DMZ 区接了部分服务器，内网访问这部分服务器的数据不需要走流量管理，因为数据不经过公网，不需要受公网带宽的限制，此时对这部分服务器的应用或者 IP 做排除策略。

例如：设备做网桥模式部署，前置防火墙的 DMZ 区接了部分服务器，要对访问这些服务器的数据做排除。

操作步骤如下：

第一步：在"对象定义"→"IP 组"新增 IP 组，将需要排除的 IP 地址添加进去，如图 7.18 所示。

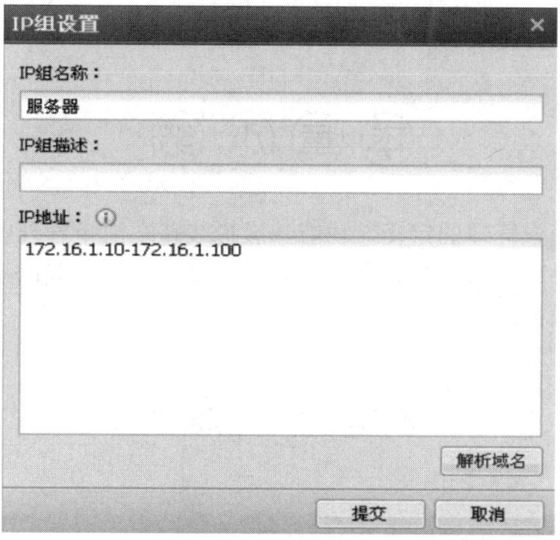

图 7.18　"IP 组设置"界面

第二步：进入"流量管理"→"通道配置"→"排除策略"，点击"新增"，添加排除策略，如图 7.19 所示。

图 7.19　新增排除策略

第三步：设置排除策略。

填写"策略名称"；选择"应用类型"，如果应用类型不固定，那么可以选择"全部"；选择"目标 IP 组"，此处选择第一步中设置的"服务器"组，如图 7.20 所示。

图 7.20　排除策略配置

第四步：点击【提交】则设置完成，如图 7.21 所示。

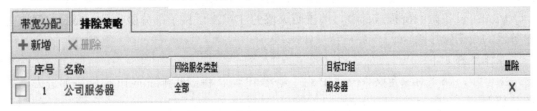

图 7.21　排除策略配置完成界面

至此，流量管理配置完成。

本章主要介绍了流量管理的定义、功能，虚拟线路在流量管理中的作用，流量管理通道的配置方法，以及排除策略的配置方法。其中流量管理的功能以及流量管理通道的配置为重点内容，希望同学们认真掌握。

◀◀　练　习　题　▶▶

问答题

1. AF 流量管理是否需要接口是 WAN 属性这一条件？

2. 1Mb/s 等于多少 kb/s？

3. AF 流控功能是否可以在一级通道下设置子通道？

*Chapter 8*

# 第 8 章　高可用技术

◆ 学习目标：

❍ 掌握 NGAF 设备高可用性的定义和工作原理；

❍ 掌握路由、网桥模式下高可用性部署的方法和注意事项。

◆ 本章重点：

❍ 路由、网桥模式下高可用性部署的方法和注意事项。

◆ 本章难点：

❍ 路由、网桥模式下高可用性部署的方法和注意事项。

◆ 建议学时数：6 学时

在 NGAF 设备中高可用性指的就是 VRRP(Virtual Router Redundancy Protocol，虚拟路由器冗余协议)。

虚拟路由器冗余协议(VRRP)是一种选择协议，它可以把一个虚拟路由器的责任动态分配到局域网上的 VRRP 路由器中的一台上。控制虚拟路由器 IP 地址的 VRRP 路由器称为主路由器，它负责转发数据包到这些虚拟 IP 地址。一旦主路由器不可用，这种选择过程就提供了动态的故障转移机制，这就允许虚拟路由器的 IP 地址可以作为终端主机的默认第一跳路由器。使用 VRRP 的好处是有更高的默认路径的可用性而无需在每个终端主机上配置动态路由或路由发现协议。VRRP 包封装在 IP 包中发送。

## 8.1　VRRP 概述

### 8.1.1　VRRP 简介

VRRP 是一种选择协议，它可以把一个虚拟路由器的责任动态分配到局域网上的 VRRP 路由器中的一台。控制虚拟路由器 IP 地址的 VRRP 路由器称为主路由器，它负责转发数据包到这些虚拟 IP 地址。一旦主路由器不可用,这种选择过程就提供了动态的故障转移机制,这就允许虚拟路由器的 IP 地址可以作为终端主机的默认第一跳路由器。这是一种 LAN 接入设备备份协议。一个局域网络内的所有主机都设置有缺省网关,这样主机发出的目的地址不在本网段的报文将被通过缺省网关发往三层交换机,从而实现了主机和外部网络的通信。

VRRP 是一种路由容错协议,也可以叫做备份路由协议。一个局域网络内的所有主机都设置有缺省路由,当网内主机发出的目的地址不在本网段时,报文将被通过缺省路由发往外部路由器,从而实现了主机与外部网络的通信。当缺省路由器掉电(down)(即端口关闭)之后,内部主机将无法与外部通信,如果路由器设置了 VRRP,那么虚拟路由将启用备份路由器,从而实现全网通信。

VRRP 是一种容错协议。通常,一个网络内的所有主机都设置一条缺省路由,这样,主机发出的目的地址不在本网段的报文将被通过缺省路由发往路由器 Router A,从而实现了主机与外部网络的通信。当路由器 Router A 坏掉时,本网段内所有以 Router A 为缺省路由下一跳的主机将断掉与外部的通信,产生单点故障。VRRP 就是为解决上述问题而提出的,它为具有多播组播或广播能力的局域网(如以太网)而设计。

VRRP 将局域网的一组路由器(包括一个 Master 即活动路由器和若干个 Backup 即备份路由器)组织成一个虚拟路由器,称之为一个备份组。这个虚拟的路由器拥有自己的 IP 地址 10.100.10.1(这个 IP 地址可以和备份组内的某个路由器的接口地址相同,相同的则称为 IP 拥有者),备份组内的路由器也有自己的 IP 地址(如 Master 的 IP 地址为 10.100.10.2,Backup 的 IP 地址为 10.100.10.3)。局域网内的主机仅仅知道这个虚拟路由器的 IP 地址 10.100.10.1,而并不知道具体的 Master 路由器的 IP 地址 10.100.10.2 以及 Backup 路由器的 IP 地址 10.100.10.3。它们将自己的缺省路由下一跳地址设置为该虚拟路由器的 IP 地址 10.100.10.1。于是,网络内的主机就通过这个虚拟的路由器来与其他网络进行通信。如果备份组内的 Master 路由器坏掉,Backup 路由器将会通过选举策略选出一个新的 Master 路由器,继续向网络内的主机提供路由服务,从而实现网络内的主机不间断地与外部网络进行通信。

## 8.1.2　VRRP 工作原理

VRRP 的工作过程如下:

(1) 路由器开启 VRRP 功能后,会根据优先级确定自己在备份组中的角色。优先级高的路由器成为主用路由器,优先级低的成为备用路由器。主用路由器定期发送 VRRP 通告报文,通知备份组内的其他路由器自己工作正常;备用路由器则启动定时器,等待通告报文的到来。

(2) VRRP 在不同的主用抢占方式下,主用角色的替换方式不同:

· 在抢占方式下,当主用路由器收到 VRRP 通告报文后,会将自己的优先级与通告报文中的优先级进行比较。如果大于通告报文中的优先级,则成为主用路由器;否则将保持备用状态。

· 在非抢占方式下,只要主用路由器没有出现故障,备份组中的路由器始终保持主用或备用状态，备份组中的路由器即使随后被配置了更高的优先级也不会成为主用路由器。

（3）如果备用路由器的定时器超时后仍未收到主用路由器发送来的 VRRP 通告报文，则认为主用路由器已经无法正常工作，此时备用路由器会认为自己是主用路由器，并对外发送 VRRP 通告报文。备份组内的路由器根据优先级选举出主用路由器，承担报文的转发功能。

在实际组网中一般会进行 VRRP 负载分担方式的设置。负载分担方式是指多台路由器同时承担业务，避免设备闲置，因此需要建立两个或更多的备份组实现负载分担。VRRP 负载分担方式具有以下特点：

- 每个备份组都包括一个主用路由器和若干个备用路由器。
- 各备份组的主用路由器可以不相同。
- 同一台路由器可以加入多个备份组，在不同备份组中有不同的优先级，使得该路由器可以在一个备份组中作为主用路由器，在其他的备份组中作为备用路由器。

VRRP 在提高可靠性的同时，简化了主机的配置。在具有多播或广播能力的局域网中，借助 VRRP 能在某台路由器出现故障时仍然提供高可靠的缺省链路，有效避免单一链路发生故障后网络中断的问题，而无需修改动态路由协议、路由发现协议等配置信息。

一个 VRRP 路由器有唯一的标识——VRID，范围为 0～255。该路由器对外表现为唯一的虚拟 MAC 地址，地址的格式为 00-00-5E-00-01-[VRID]。主控路由器负责对 ARP 请求用该 MAC 地址做应答。这样，无论如何切换，保证给终端设备的是唯一一致的 IP 和 MAC 地址，减少了切换对终端设备的影响。

VRRP 控制报文只有一种：VRRP 通告(advertisement)。它使用 IP 多播数据包进行封装，组地址为 224.0.0.18，发布范围只限于同一局域网内。这保证了 VRID 在不同网络中可以重复使用。为了减少网络带宽消耗，只有主控路由器才可以周期性地发送 VRRP 通告报文。备份路由器在连续三个通告间隔内收不到 VRRP 或收到优先级为 0 的通告后将启动新一轮的 VRRP 选举。

在 VRRP 路由器组中，按优先级选举主控路由器，VRRP 协议中优先级范围是 0～255。若 VRRP 路由器的 IP 地址和虚拟路由器的接口 IP 地址相同，则该 VRRP 路由器被称为该 IP 地址的所有者；IP 地址所有者自动具有最高优先级：255。优先级 0 一般在 IP 地址所有者主动放弃主控者角色时使用。可配置的优先级范围为 1～254。优先级的配置原则可以依据链路的速度和成本、路由器性能和可靠性以及其他管理策略设定。主控路由器的选举中，高优先级的虚拟路由器获胜，因此，如果在 VRRP 组中有 IP 地址所有者，则它总是作为主控路由的角色出现。对于相同优先级的候选路由器，按照 IP 地址大小顺序选举。VRRP 还提供了优先级抢占策略，如果配置了该策略，高优先级的备份路由器便会剥夺当前低优先级的主控路由器而成为新的主控路由器。

为了保证 VRRP 协议的安全性，提供了两种安全认证措施：明文认证和 IP 头认证。明文认证方式要求：在加入一个 VRRP 路由器组时，必须同时提供相同的 VRID 和明文密码。这种认证方式适合于避免在局域网内的配置错误，但不能防止通过网络监听方式获得密码。IP 头认证的方式提供了更高的网络安全性，能够防止报文重放和修改等攻击。

# 8.2　VRRP 在 NGAF 中的配置

通常人们所了解的 VRRP，其拓扑结构如图 8.1 所示，用 VRRP 实现虚拟路由器，确保网关设备在其中一台出现故障的情况下仍能正常工作。

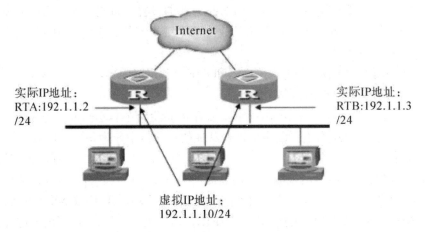

图 8.1　VRRP 拓扑图

(1) 两个路由器 IP 地址不一样，需要虚拟 IP。AF 不需要虚拟 IP，因为接口 IP 一样。

(2) 根据虚拟组 ID 找同伴，在同一虚拟组的设备之间选主设备、备份设备。AF 设备同理。

(3) 可能影响主备的条件：① 优先级。优先级高的为主设备，② 接口 IP。IP 地址大的为主设备，AF 设备同理，但因为接口 IP 一致，最终是看心跳口 IP 的大小。心跳口 IP 地址大的为主设备。

(4) 可以设置抢占模式，如果优先级高的设备故障恢复后，当配置成抢占模式时，备份设备可以成为主用设备。AF 设备同理。

(5) 心跳协商通过组播 IP 地址 224.0.0.18 实现。AF 设备同理。

(6) AF 需要配置心跳口，心跳口是一个普通网口。

**应用场景：** 客户希望在原有网络上配置 NGAF，对内网用户以及服务器进行保护，同时不影响原有网络拓扑，但是部署单台设备会有单点故障现象，希望多部署两台设备做备份来提高设备使用可靠性。

**解决方案：** 采用网桥模式双机部署，是主备模式。两台设备配置一样，并且配置同步。同时只有一台主机工作，主机宕掉以后由备机接替工作，对用户透明(即用户感觉不到网关设备宕机)。

## 8.2.1　NGAF 双机交换模式的配置

### 1. NGAF 双机交换配置

NGAF 双机交换模式拓扑图如图 8.2 所示，其配置步骤如下：

(1) 配置物理接口为 Access 口并属于 vlan1；

(2) 配置心跳口 eth5；

(3) 配置 vlan1 接口并做链路双向检测；

(4) 启用双机，配置本端和对端 IP，并配置虚拟路由组；

(5) 配置备机并同步配置(略)。

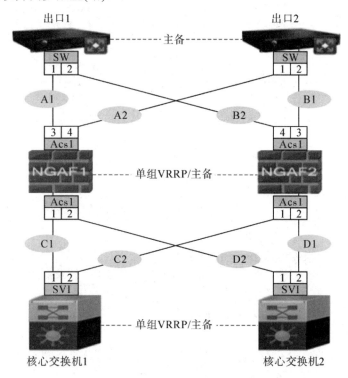

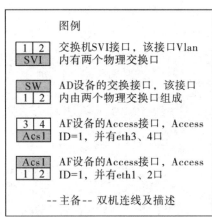

图 8.2　NGAF 双机交换模式拓扑

## 2．NGAF 双机交换全冗余配置

NGAF 双机交换全冗余配置步骤如下：

(1) 配置四块网卡的物理接口为 Access 口并属于 Vlan1，如图 8.3 所示。

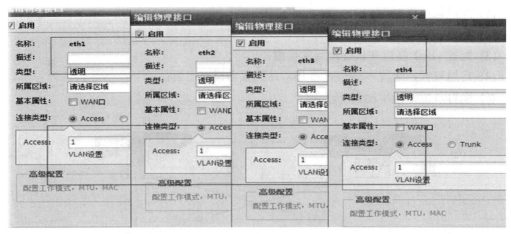

图 8.3 编辑物理接口

(2) 配置心跳口。在接口区域中选择一个物理口作为双机的心跳口，配置界面如图 8.4 所示，使用的 IP 地址需要后面跟上-HA。

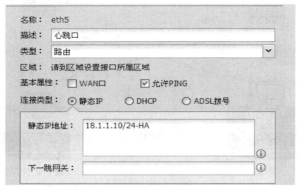

图 8.4 配置心跳口

(3) 配置 Wan 接口和 Vlan1 接口并进行链路检测，如图 8.5 所示。

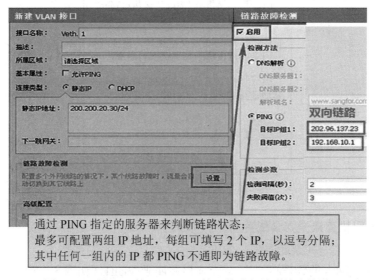

图 8.5 配置 Wan 接口、Vlan1 接口并进行链路故障检测

(4) 启用双机，配置本端和对端 IP，并配置虚拟路由组，如图 8.6 所示。

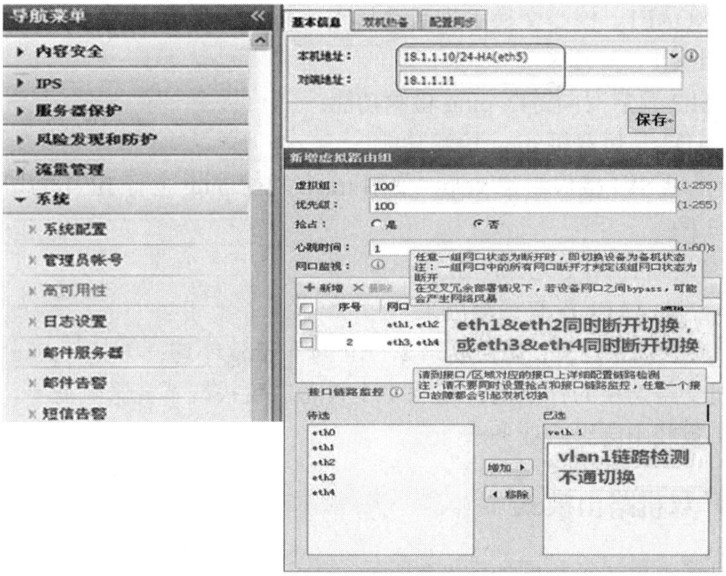

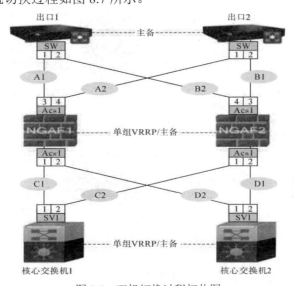

图 8.6 配置本端和对端 IP 及虚拟路由组

(5) 配置备机并进行同步配置，备机的配置和主机的配置基本一样，在这里省略。

**注意：**

· 任意一组网口状态为断开时即切换设备为备机状态。(一组网口中的所有网口断开才判定该组网口状态为断开)。

· 在交叉冗余部署情况下，若设备网口之间配置旁路功能(bypass)，可能会产生广播风暴。

· 请到接口/区域对应的接口上详细配置链路检测(不要同时设置抢占和接口链路监控，任意一个接口故障都会引起双机切换)。

NGAF 交换双机切换过程如图 8.7 所示。

图 8.7 双机切换过程拓扑图

NGAF 双机交换切换流程前置条件如下：

(1) AD1、NGAF1、核心交换 1 为活动状态，其他为非活动状态；

(2) 数据包走 C1 <=> A1；

(3) AF1、AF2 开启双向链路 ping 检测功能；

(4) AD1、AD2 开启双机 ping 检测功能；

(5) 核心交换以 SVI 接口组建 vrrp，使用 track 功能 ping 上行 IP 作为切换条件。

切换过程如下：

(1) A1 线路故障且 AF1 先探测出来；

(2) 出口 1 宕机，AF1 没有探测出来。

NGAF 双机交换切换过程：切换场景 2，AF 向下 ping 不通，与向上 ping 不通场景相同。

NGAF 双机交换切换的优点是：任意 1 个设备宕机拔线不会影响业务，任意 3 个不同角色的设备宕机拔线不会影响业务。

## 8.2.2  NGAF 双机路由模式

NGAF 双机路由模式拓扑图如图 8.8 所示。

NGAF 路由双机配置如下：

(1) 配置内网物理接口为 Access 口，属于 Vlan1 口。

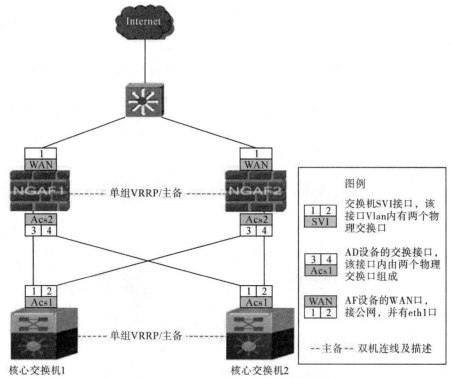

图 8.8  NGAF 双机路由模式拓扑图

(2) 配置心跳口 eth5。

(3) 配置 Wan 口和 Vlan1 口与进行链路检测。

(4) 启用双机，配置本端和对端 IP，配置虚拟路由组。

(5) 配置备机并同步配置(略)。

下面举例进行具体配置讲解。

(1) 配置内网物理接口为 Access 口，属于 Vlan1 口，如图 8.9 所示。

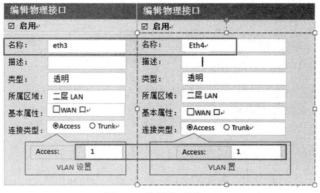

图 8.9　编辑物理接口

(2) 配置心跳口(在接口区域中选择一个物理口作为双机的心跳口，配置界面如图 8.10 所示，使用的 IP 地址需要后面跟上-HA)。

图 8.10　配置心跳口

(3) 配置 Vlan1 和 Vlan2 接口并进行链路检测，如图 8.11 所示。

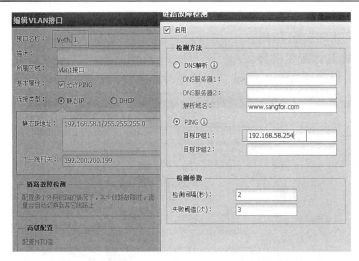

图 8.11　配置 Vlan1 和 Vlan2 接口与链路检测

(4) 启用双机，配置本端和对端 IP，并配置虚拟路由组，如图 8.12 和图 8.13 所示。

图 8.12　配置本端和对端 IP 地址

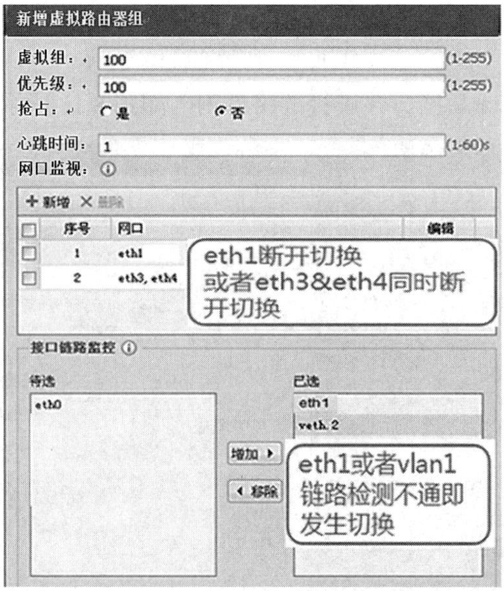

图 8.13　配置虚拟路由组

NGAF 双机路由模式切换过程如图 8.14 所示。

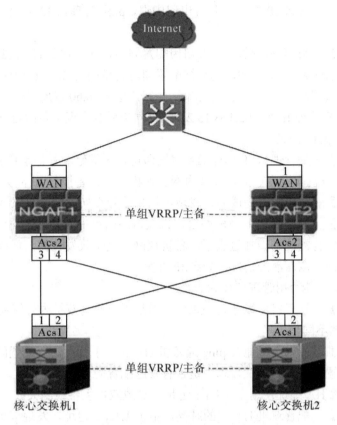

图 8.14 NGAF 双机路由模式拓扑图

NGAF 双机路由模式切换过程如下：

前置条件：

(1) NGAF1、核心交换 1 为活动状态，其他为非活动状态；

(2) 数据包走交换机 1<=> AF1；

(3) AF1、AF2 开启双向链路 ping 检测功能；

(4) 核心交换以 SVI 接口组建 vrrp，使用 track 功能 ping 上行 IP 作为切换条件。

NGAF 双机路由模式切换过程：

(1) 切换场景 1，AF 向上 ping 不通：同交换场景。

(2) 切换场景 2，AF 向下 ping 不通：同交换场景。

**注意事项**：① 核心交换以 SVI 接口做 VRRP，并使用 track 的 ping 检测作为切换条件；② AF 开启双向 ping 检测；③ 抢占与链路检测不能同时开启；④ 不要使用 bypass 接口做双机，避免广播风暴；⑤ 双机不支持聚合口。

## 8.2.3 VRRP 配置常见故障

(1) AF 双机部署，管理口登录 Web 控制台出现闪退，ping 管理口 IP 丢包。

【问题现象】　AF 双机部署并配置同步，两台 AF 管理口 eth0 接内网交换机且不属于虚拟路由组，从管理口 IP 登录控制台出现闪退，ping 管理口 IP 丢包，无法正常管理两台 AF。

【问题原因】　AF 双机部署，只要启用配置同步，则所有非 HA 的接口 IP 都会同步，因此若管理口仅仅配置了不同 IP，则会被配置同步为相同的 IP，在内网交换机上出现 IP 冲突，导致控制台闪退、ping 丢包等现象，如客户选定 eth0 为管理口，主机管理 IP 为 192.168.15.1，备机管理 IP 为 192.168.15.2，配置同步后会出现主备两台 AF 的 eth0 IP 都为 192.168.15.1，出现 IP 冲突。

【解决办法】　为管理口 IP 标注 HA 属性即可，无需修改其他配置。

(2) AF 设备双机配置完成后，发现内网交换机上报设备接口 IP 冲突。

【问题现象】　双机配置完成后，发现内网相连的交换机上一直报 AF 接口 IP 冲突。

【解决办法】　需要确认下 AF 两台双机虚拟路由组里面是否把需要监控的网口列表都写完全了，正常检测的网口加进去了，备机该网口是不收发包的，如果没有写完全，则会出现两台设备网口双激活的情况，导致 IP 冲突。

(3) 网口不够，能否用管理口作为心跳口。

【问题原因】　管理口可以作为心跳口，但是不能作为双机内外网通信网口。

(4) 双机配置不同步。

【解决办法】　检查主机能否 ping 通备机 HA-IP。手动点击"配置同步"菜单，检查日志来源为"配置同步"的调试日志中是否有发送配置同步文件。

(5) 双机配置 HA 地址使用了 1.1.1.1 地址，导致双机主备检测失败。

【问题现象】　配置双机 HA 口的时候，用了 1.1.1.1 地址，发现双机主备检测失败。设备默认已经占用了 1.1.1.1 地址，禁止在设备网口或者逻辑口上配置 1.1.1.1 地址，否则会出现问题。

(6) 双机状态出现双主现象。

【问题现象】　检查双机接口通信是否正常，如果双机心跳无法通信则会出现双主现象，造成监听口 IP 地址冲突。

(7) 双机建立不成功。

【问题现象】　双机无法建立，双机建立的条件是：① 主备机网口数量一致；② 主备机功能序列号保持一致；③ 主备机/app/appversion 文件的 md5 一致(此文件内容为 AF 设备的版本信息，需要登录后台，如果出现此问题可联系技术支持热线 4006306430 协助确认)。排查是否是上述问题导致。

本章主要讲述了高可用性技术的定义以及基本功能，交换模式下高可用性的部署方法，路由模式下的高可用性的部署方法，以及 VRRP 常见的故障和排除方法，其中，在交换模式和路由模式下的高可用性(VRRP)的部署方法是重点，希望同学们认真掌握。

# ◀◀ 练 习 题 ▶▶

**简答题**

1. 链路故障检测中用 ping 命令检测目标 IP 组内多 IP 之间是什么匹配关系？目标组之间是什么匹配关系？

2. 虚拟路由组的下网口与监视网口组内多网口之间是什么匹配关系？组之间是什么匹配关系？

# Chapter 9

# 第9章　风险发现及防护技术

◆ **学习目标：**

♋ 掌握风险分析的主要功能及其操作；

♋ 掌握 Web 扫描器对网站的扫描使用；

♋ 掌握如何自动更新和手动更新规则库。

◆ **本章重点：**

♋ 风险分析的主要功能及其操作；

♋ Web 扫描器对网站的扫描使用。

◆ **本章难点：**

♋ 风险分析的主要功能及其操作；

♋ Web 扫描器对网站的扫描使用。

◆ **建议学时数：4 学时**

在企业中，一般需要很多服务器，有一些是对外提供服务的，有一些是对内提供服务的，所以服务器在企业的网络中发挥着非常重要的作用。但是在企业中服务器可能存在如下问题：

(1) 不必要的端口开放；

(2) 服务器自身系统存在的漏洞(针对服务器操作系统)；

(3) 服务器自身软件存在的漏洞；

(4) 网站登录弱密码。

这些问题如果不加以注意，黑客就会利用这些便利攻入公司的服务器，对公司的网络造成不可估量的损失。因此，对网络以及服务器进行安全的风险发现与防护是非常重要的。

## 9.1　风　险　分　析

风险发现和防护主要包括两大功能：一是对目标 IP 进行端口扫描，它能让管理员清楚了解服务器开放的端口和服务，以及服务器上可能存在哪些漏洞，让管理员及时关闭不必要的端口、封堵漏洞，提高服务器的安全性；二是对目标 IP 进行弱密码扫描，解决数据库弱口令访问不安全的问题。与此同时，风险分析能够做到根据扫描结果智能地生成相应的规则，为客户提供安全防护。风险分析配置界面如图 9.1 所示。

图 9.1　风险分析配置界面

　　"不可信来访区域"：定义应用控制策略、IPS、WAF 检测的源区域，检测这个区域到目标 IP 是否有进行相应的应用控制策略、IPS 和 Web 应用防护规则设置。

　　"访问的目标 IP 范围"：定义进行端口扫描或者是弱密码扫描的目标 IP 地址范围。

　　"端口"：定义需要对目标 IP 的哪些端口进行扫描。点击"80,81,8001,8002..."，则弹出"选择端口"编辑框，如图 9.2 所示。

图 9.2　"选择端口"配置界面

　　设备内置了服务器经常开放的一些端口，若需要新增对其他端口的扫描，点击"新增"添加即可。

勾选"启用弱密码扫描"，则启用弱密码扫描功能。界面如图 9.3 所示。

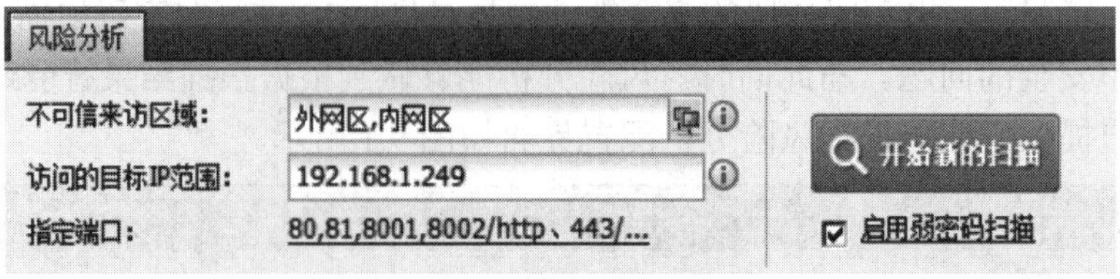

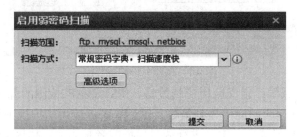

图 9.3　启用弱密码扫描

点击"启用弱密码扫描"后会弹出"启用弱密码扫描"编辑框，如图 9.4 所示。

图 9.4　设置扫描范围

"扫描范围"：勾选对哪些应用服务进行弱密码扫描，如图 9.5 所示。

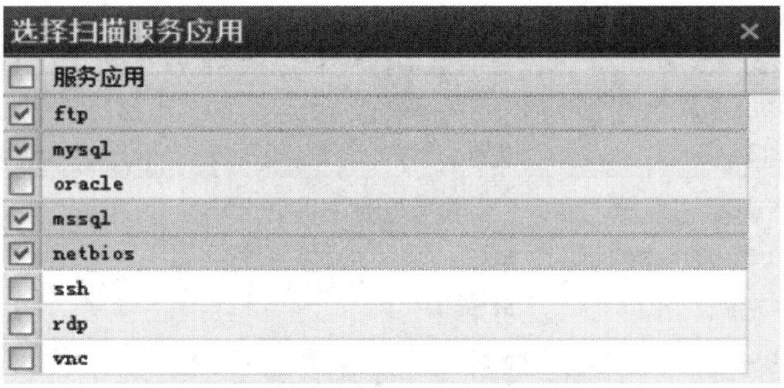

图 9.5　选择扫描服务应用

"扫描方式"：定义弱密码扫描的扫描方式，包括常规密码字典扫描和完整密码字典扫描。常规密码字典只包含系统的默认密码。

点击"高级选项"，可以设置 RDP、VNC 的完整密码扫描和自定义字典。界面如图 9.6 所示。

"执行完整扫描"：由于 RDP、VNC 协议的密码扫描需要耗费较长的时间，若需要对这两种协议也进行完整密码字典扫描，还需勾选 "执行完整扫描"。

"自定义用户名列表"：用于自定义需要匹配的用户名。此时会在相应字典列表的用户名里增加自定义的用户名。比如，此时的自定义用户名为 sangfor，NGAF 设备在进行弱密码扫描时，除了扫描默认的用户名以外，还会去匹配是否存在 sangfor 这个用户名。

"自定义密码字典列表"：用于自定义需要匹配的弱密码。此时会在相应字典列表的密码里增加自定义的密码。比如，此时的自定义密码为 sangfor，NGAF 设备在进行弱密码扫描时，除了扫描默认的用户名是否匹配默认的密码以外，还会去检查默认的用户名是否使用了 sangfor 这个密码。

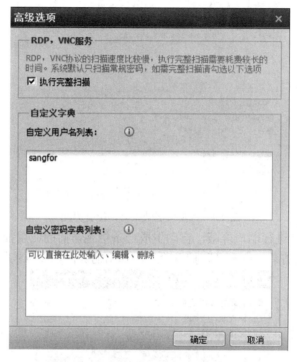

图 9.6　"高级选项"配置界面

设置好端口扫描和弱密码扫描后，点击 <kbd>开始扫描</kbd>，将会在下方显示扫描结果，界面如图 9.7 所示。

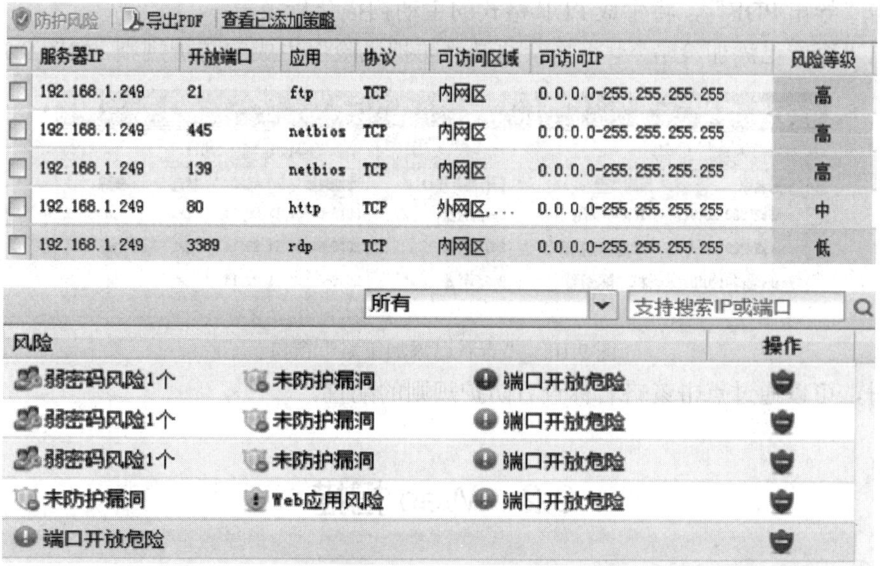

图 9.7　扫描显示结果

点击相应扫描结果的操作按钮 🛡，将会弹出"端口屏蔽策略"界面，如图 9.8 所示。

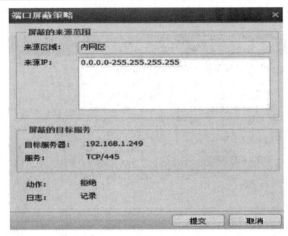

图 9.8　"端口屏蔽策略"配置界面

点击【提交】，会进行端口屏蔽，自动生成一条拒绝访问的应用控制策略。

勾选相应的扫描结果，点击"防护风险"，弹出的界面如图 9.9 所示。

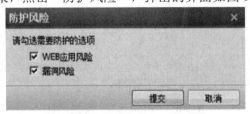

图 9.9　"防护风险"配置界面

勾选需要防护的风险类型，点击【提交】，将会根据风险提示自动生成 IPS 规则和 Web 应用防护规则。

点击"导出 PDF"，将生成 PDF 格式的主动扫描分析报表。

点击"查看已添加策略"，将显示通过"防护风险"生成的防护规则，如图 9.10 所示。

| | 策略名称 | 策略类型 | 目标服务器IP | 添加时间 | 状态 | 删除 |
|---|---|---|---|---|---|---|
| ☐ | scansIPS20120131... | IPS防护策略 | 249服务器 | 2012-01-31 11:29:14 | ✓ | ✗ |
| ☐ | scansWAF20120131... | WEB应用防护策略 | 249服务器 | 2012-01-31 11:29:14 | ✓ | ✗ |
| ☐ | scansApp20120131... | 端口屏蔽策略 | 249服务器 | 2012-01-31 11:22:14 | ✓ | ✗ |

图 9.10　"查看已添加策略"窗口

此时，可以通过点击策略名称查看防护规则的配置。

# 9.2　Web 扫描

Web 扫描器支持针对下列漏洞的扫描：SQL 注入、SQL 盲注、跨站脚本攻击(XSS)、存储型跨站脚本攻击、操作系统命令、本地文件包含、远程文件包含、暴力破解、弱密码登录、跨站请求伪造(CSRF)、XPATH 注入、LDAP 注入、响应分割、服务器端包含(SSI)、不安全的重定向、不安全的 DAV 配置、不安全的 HTTP 方法、启用了 WebDAV、Iframe 钓鱼、跨站跟踪(XST)、Phpinfo 信息泄露、不安全的 PHP 配置、发现目录列表、发现隐藏目录。

(1) Web 扫描前需要告知用户：扫描有破坏网站数据的风险，不能直接扫描生产网络服务器，客户应提供一个镜像服务器，用它来扫描漏洞。

(2) 如果一定要直接扫描生产网络服务器，需要取得客户许可并跟客户强调说明风险，同时在扫描前备份网站数据与源代码，保证出现问题后能恢复原状。

填写好起始 URL 以及扫描模板，点击右边的笔形图标可以进入编辑界面，如图 9.11 至图 9.13 所示。

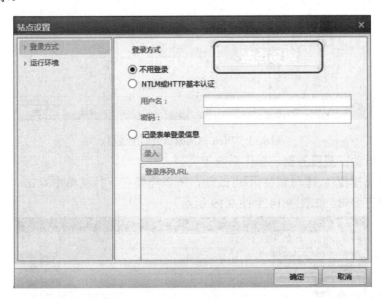

图 9.11　Web 扫描编辑页面配置(1)

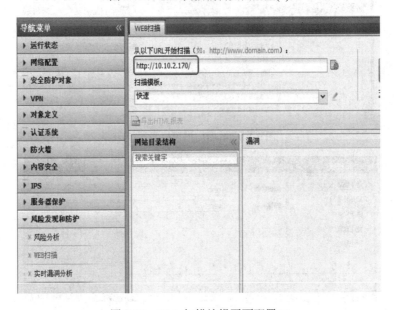

图 9.12　Web 扫描编辑页面配置(2)

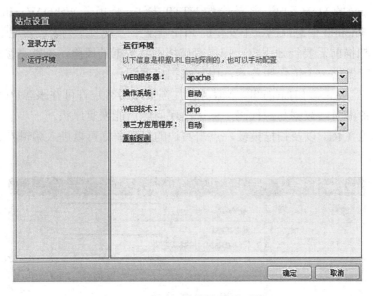

图 9.13　Web 扫描编辑页面配置(3)

通过脚本自动探测服务器、操作系统等类型。

内置的扫描模板(快速与完整)不可改动，所以需要在下拉菜单中点击"添加"，添加一个模板再进行编辑，如图 9.14 至图 9.19 所示。

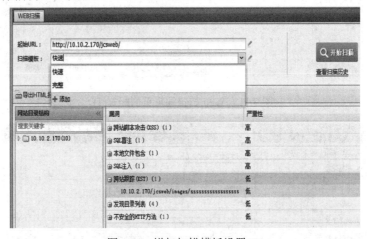

图 9.14　增加扫描模板设置(1)

图 9.15　增加扫描模板设置(2)

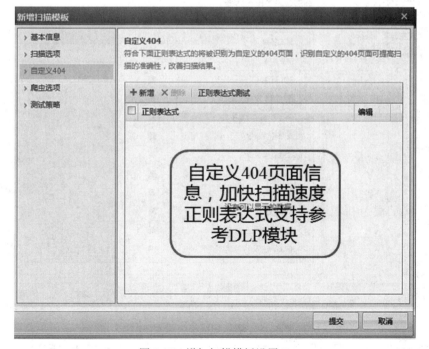

(勾选"加强扫描"，会发送一些带有绕过 WAF 数据的攻击。)

图 9.16　增加扫描模板设置(3)

图 9.17　增加扫描模板设置(4)

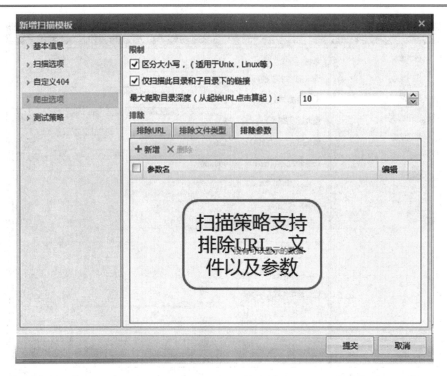

图 9.18　增加扫描模板设置(5)

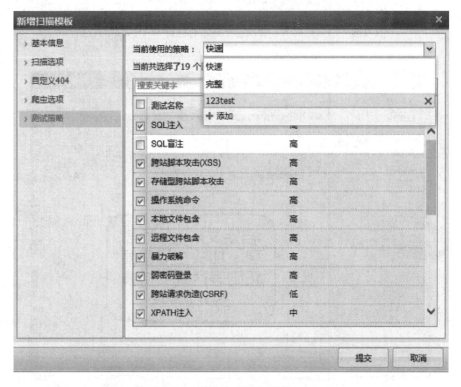

图 9.19　增加扫描模板设置(6)

测试策略即扫描的漏洞集合,可自定义,内置的快速与完整策略不可删除。配置好 URL

与模板后，点击"开始扫描"，如图 9.20 所示。

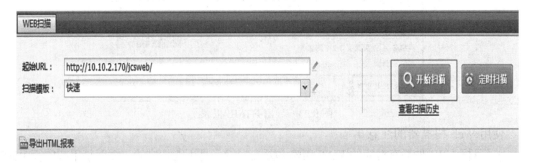

图 9.20   开始扫描

**注意**：如果有 WAF 策略保护了目标 URL 并开启了拒绝，就会出现"起始 URL 已防护，不再进行扫描"的提示，禁用或放行相关 WAF 策略后才能扫描，如图 9.21 所示。

图 9.21   起始 URL 配置

扫描完成后可查看漏洞的测试过程、描述及建议方案，如图 9.22 所示。

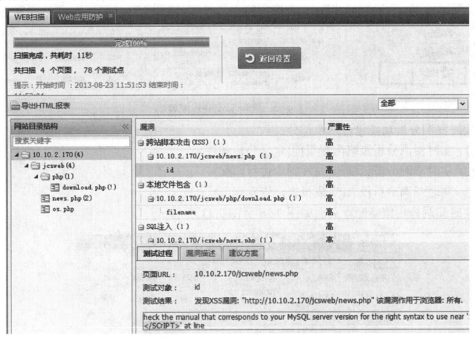

图 9.22   查看扫描漏洞的过程

扫描完成后可以导出 HTML 报表，如图 9.23 所示。

图 9.23　导出 HTML 报表

使用 Web 扫描器的注意事项：

· 目标 URL 如果有对应的 WAF 策略并开启拒绝，是不能扫描的，需要禁用或放行 WAF 策略。

· 双机不会同步 Web 扫描器配置。

· 需要登录才能扫描的场景只支持用户名和密码认证，不支持包含有验证码等场景。

· 扫描完成后应及时导出报表，设备不会保存报表，开始新的扫描后报表就会清空。

# 9.3　实时漏洞分析

实时漏洞分析是一种被动漏洞扫描器，需要数据经过设备或者通过旁路将数据镜像过来才能分析，实时发现用户网络中存在的安全问题。此过程不干预设备数据转发流程，不发 reset 包，不影响性能，仅输出漏洞信息报表。实时漏洞分析需通过多功能序列号开启，如图 9.24 所示。

图 9.24　实时漏洞分析配置

实时漏洞分析功能包含三个部分：

(1) 实时漏洞分析策略配置页面(定义分析条件)。

(2) 实时漏洞分析识别库(与规则库进行匹配)。

(3) 实时漏洞分析报表(生成报表，查看规则)。

实时漏洞分析策略配置页面如图 9.25 至图 9.27 所示。

图 9.25　实时漏洞分析策略配置(1)

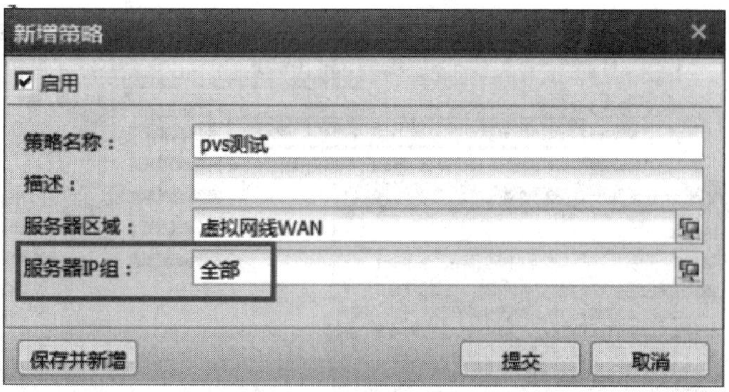

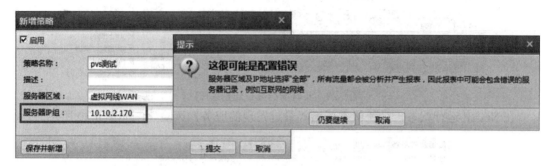

图 9.26　实时漏洞分析策略配置(2)

图 9.27　实时漏洞分析策略配置(3)

**注意：**实时漏洞分析仅需指定服务器区域和服务器 IP 组即可，若服务器 IP 组配置为"全部"，则会出现温馨提示。

安全防护对象菜单中新增了实时漏洞分析识别库，在 AF6.3 以后该规则库需要收费。实时漏洞分析识别库如图 9.28 和图 9.29 所示。

图 9.28　实时漏洞分析识别库(1)

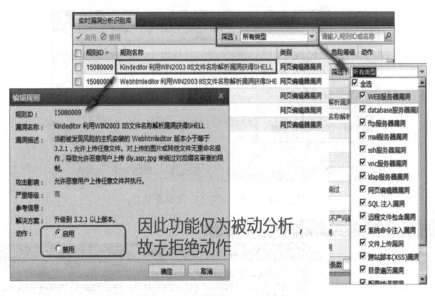

图 9.29　实时漏洞分析识别库(2)

在 NGAF 运行状态，系统状态新增"最近发现的服务器风险"，如图 9.30 所示。

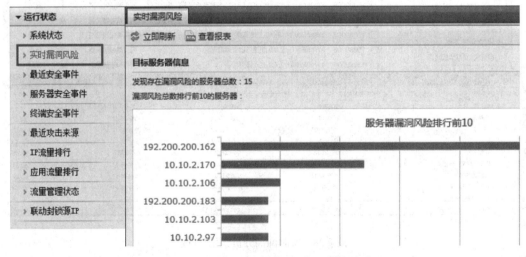

图 9.30　最近发现的服务器风险

在 NGAF 运行状态，新增"实时漏洞风险"分析页面，如图 9.31 所示。

图 9.31　新增"实时漏洞风险"分析页面

点击每条策略的"查看"，即可看到对应的服务器报表。实时漏洞分析报表如图 9.32 所示。

图 9.32　在"实时漏洞分析"窗口查看每条策略

点击每条策略的"重新发现"，即可清空当前报表，重新发现漏洞，如图 9.33 所示。

图 9.33　重新发现漏洞

实时漏洞分析报表：对于每个漏洞，被动扫描器会对比当前 IPS/WAF 配置，提示该漏洞是否已进行防护，或是 NGAF 无法防护的潜在风险。漏洞防护状态如图 9.34 所示。

| 序号 | 漏洞类型 | 漏洞概述 | 存在漏洞的服务器 | 危险等级 | 防护状态 |
| --- | --- | --- | --- | --- | --- |
| 1 | 配置错误漏洞 | 配置错误漏洞是由于web服务器配置或者本身存在安全漏洞，导致一些系统文件或者配置文件直接暴露在互联网中，泄露web服务器的一些敏感信息，如用户名、密码、源代码、服务器信息、配置信息、内部ip、内部邮箱等。 | 10.10.2.42<br>121.205.90.39<br>42.159.7.25<br>115.239.253.44<br>10.10.2.97<br>其他7台 | 高 | 未防护 |
| 2 | 弱密码漏洞 | 服务器登录密码仅包含简单数字和字母或太过简单，容易被攻击者破解。 | 192.200.200.162<br>10.10.2.170<br>10.10.2.97 | 高 | 未防护 |
| 3 | 系统命令注入漏洞 | 操作系统命令攻击是攻击者提交特殊的字符或者操作系统命令，web程序没有进行检测或者绕过web应用程序过滤，把用户提交的请求作为指令进行解析，导致操作系统命令执行。 | 192.200.200.162 | 高 | 未防护 |

图 9.34　漏洞防护状态

(1) 对于每个具体漏洞，实时漏洞分析报表会给出详细信息，包括解决方案和解决过程；

(2) 每种服务器的每个漏洞不统计发现次数，仅更新最近发现的时间。

具体漏洞解决方案和检测过程如图 9.35 所示。

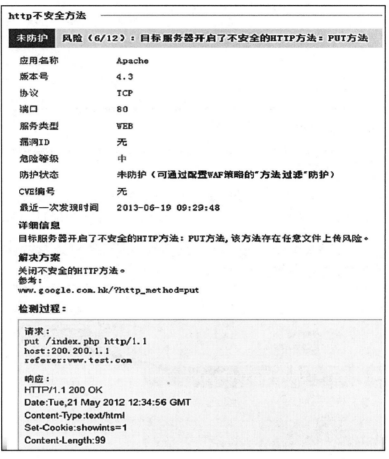

图 9.35　漏洞解决方案和检测过程

实时漏洞分析注意事项：

(1) 被动漏洞扫描依赖应用识别结果，需要此功能正常运行时建议先开通应用识别库序列号。

(2) 实时漏洞分析功能不支持集中管理。

(3) 实时漏洞分析仅支持 TCP 协议，不支持 UDP 协议分析，如 DNS 等服务。

(4) FTP 与 HTTP 支持任意端口识别，其他服务仅支持标准端口，如 MySQL、SSH 等服务。

(5) 每条分析策略相互独立，若服务器 IP 组有重叠，则发现的漏洞也会有重复。

本章主要介绍了风险分析的功能、应用场景以及操作，Web 扫描器对网站的扫描作用，

如何自动和手动更新规则库等内容，其中风险分析的操作，以及 Web 扫描器对网站的扫描
为本章的重点，希望同学们认真掌握。

◀◀ 练　习　题 ▶▶

**问答题**

1. 简述风险分析的主要功能。

2. Web 扫描器支持哪些漏洞？

3. 实时漏洞分析是否需要和服务器保持通信？

# Chapter 10

# 第 10 章　常见攻击测试技术

◆ 学习目标：

⊃ 了解内网用户上网、服务器访问面临的威胁以及 AF 能够对它们起到的防护作用；

⊃ 掌握内容安全的应用场景和配置方法；

⊃ 掌握 IPS 的应用场景和配置方法；

⊃ 掌握僵尸网络防护的功能和配置方法。

◆ 本章重点：

⊃ 内容安全的应用场景和配置方法；

⊃ IPS 的应用场景和配置方法；

⊃ 僵尸网络防护的功能和配置方法。

◆ 本章难点：

⊃ 内容安全的应用场景和配置方法；

⊃ IPS 的应用场景和配置方法。

◆ 建议学时数：8 学时

## 10.1　NGAF 安全防护功能介绍

内网用户属于企业需要保护的网络用户，内网用户上外网时可能会面临的威胁有：

(1) 未授权的访问、非法用户流量；

(2) 内网存在 DDoS 攻击、ARP 欺骗等；

(3) 不必要的访问(上班时间使用 P2P、视频语音)；

(4) 不合法的访问(访问色情、赌博等网站)；

(5) 不可靠的访问(不明来历的脚本、插件)；

(6) 不安全的访问(网页、邮件携带病毒)；

(7) 利用客户端电脑的漏洞、后门等发起攻击；

(8) 感染了僵尸程序的终端被控制端利用。

所以 NGAF 对内网用户上网的安全防护主要包括：

(1) 用户认证：针对未授权的访问，非法用户流量；

(2) 防火墙：针对内网存在 DDoS 攻击、ARP 欺骗等；

(3) 应用识别、控制：针对不必要的访问(上班时间使用 P2P、视频语音)；

(4) URL 过滤：针对不合法的访问(访问色情、赌博等网站)；

(5) 网关杀毒：针对不安全的访问(网页、邮件携带病毒)；

(6) IPS：针对利用客户端电脑的漏洞、后门等发起的攻击；

(7) 僵尸网络防护：针对感染了僵尸程序的终端被控制端利用。

下面从内容安全防护、IPS 防护以及僵尸网络防护三个方面来讲解安全防护功能。

# 10.2　内容安全防护

网络不安全的因素往往来自内网用户无限制地访问某些不安全的内容。深信服防火墙 NGAF 设备通过"应用控制策略"、"病毒防御策略"、"威胁隔离"和"Web 过滤"保护来自 Internet 流量的内容安全。

NGAF 的内容安全防护策略包括应用控制策略、病毒防御策略、威胁隔离和 Web 过滤。

### 1. 应用控制策略

应用控制策略是指对应用/服务的访问进行双向控制，存在一条默认拒绝所有服务/应用的控制策略。应用控制策略可分为基于服务的控制策略和基于应用的控制策略。

基于服务的控制策略：通过匹配数据包的五元组(源地址、目的地址、协议号、源端口、目的端口)来进行过滤动作，对于任何包可以立即进行拦截动作判断。

基于应用的控制策略：通过匹配数据包特征来进行过滤动作，需要一定数量的包通行后才能判断应用类型，然后进行拦截动作的判断。

### 2. 病毒防御策略

病毒防御策略主要用于对经过设备的数据进行病毒查杀，保护特定区域的数据安全。设备能针对 HTTP、FTP、POP3 和 SMTP 这四种常用协议进行病毒查杀。

### 3. 威胁隔离

威胁隔离主要是指用户发现和隔离内网感染了病毒、木马等恶意软件的 PC，其病毒、木马试图与外部网络通信时，NGAF 识别出该流量，并根据用户策略进行阻断和记录日志。

### 4. Web 过滤

Web 过滤是指针对符合设定条件的访问网页数据进行过滤，主要包括 URL 过滤、文件过滤。

## 10.2.1　应用控制策略

根据数据包的应用层特征来过滤上网数据，也可以根据数据包的端口来进行过滤。例如可以实现上班时间禁止内网用户玩游戏。该模块的设置需要调用"对象设置"里面的服务、IP组、时间计划、应用特征识别库等对象。

点击"内容安全"→"应用控制策略"进入"应用控制策略"设置界面，在此界面可以对应用控制策略进行新增、删除、启用、禁用以及搜索等操作。设备默认存在一条拒绝所有服务/应用的控制策略。设置页面如图 10.1 所示。

图 10.1　应用控制策略配置界面

点击"新增"，进入"新增应用控制策略"页面，设置如图 10.2 所示。

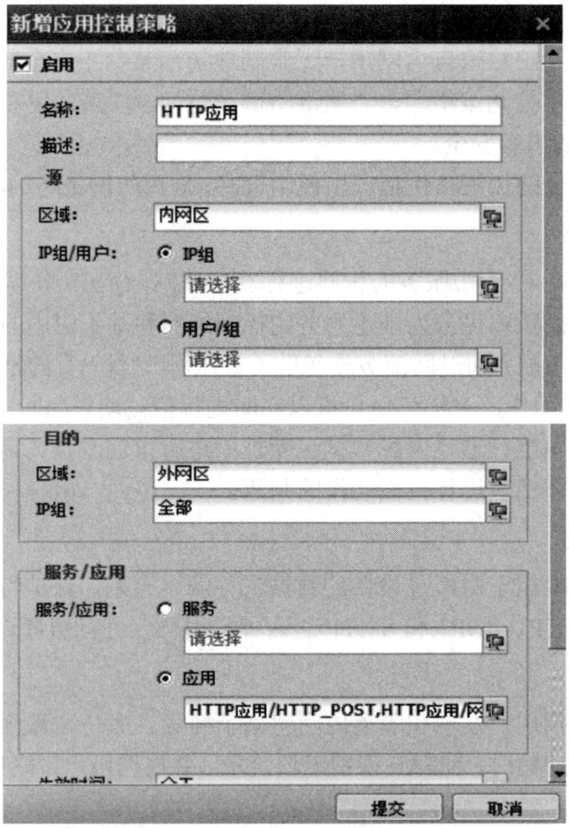

图 10.2　新增应用控制策略配置界面

勾选"启用"，则启用该应用控制策略。

"名称"：定义规则名称。

"描述"：定义规则描述。

源"区域"：一般情况要控制内网用户上网的数据，则在源区域选择"内网区"。

源"IP 组/用户"：选择需要控制的源 IP 地址或者用户。"用户/组"是从"认证系统"→"用户管理"→"组/用户"的组织结构中调用的用户信息。

目的"区域"：选择需要控制的数据的目的区域。如果要针对内网用户上外网数据进行控制，则此处应该选择"外网区域"。

目的"IP 组"：选择需要控制的数据的目的 IP 组。如果要针对内网用户上外网数据进行控制，则此处目标 IP 可以选择"全部"。

"服务/应用"：选择需要进行控制的应用或者服务。"应用"是调用"对象定义"→"应用识别特征库"里的应用特征。"服务"是调用"对象定义"→"服务"中定义的服务。

"生效时间"：是过滤条件，即在指定的时间内过滤规则才生效。该处是调用"对象定义"→"时间计划"中定义好的时间对象。

"动作"：设置满足上述定义的条件的数据包是放行还是丢弃。

"日志"：勾选"记录"，则把控制行为记录到内置数据中心里面。

## 10.2.2　病毒防御策略

"病毒防御策略"主要用于对经过设备的数据进行病毒查杀，保护特定区域的数据安全。设备能针对 HTTP、FTP、POP3 和 SMTP 这四种常用协议进行病毒查杀。设备中内置了世界著名安全公司 Sophos(守护使者)的杀毒引擎，具有病毒识别率高和查杀效率高的特点。设备的病毒库与 Sophos 的病毒库保持同步更新，一般更新周期为 1～2 天。

点击"内容安全"→"病毒防御策略"进入"病毒防御策略"设置页面。设备只允许定义一条病毒防御策略，一般用于保护内网用户不被病毒入侵。设置方法如下：

第一步：勾选"启用"，启用病毒防御策略。

第二步：设置保护的源对象，如保护内网区域的所有用户不感染病毒，如图 10.3 所示。

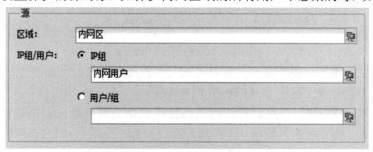

图 10.3　设置保护的源对象

第三步：设置源区域用户访问哪些目标区域地址时才进行病毒防御，如访问外网区域的所有 IP 地址都进行病毒防御，页面如图 10.4 所示。

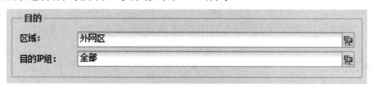

图 10.4　设置访问的目的区域

第四步：设置需要进行病毒防御的应用类型，可以设置 HTTP 杀毒、FTP 杀毒、邮件杀毒(POP3 收邮件/SMTP 发邮件)。此处设置对所有类型都进行病毒查杀，页面如图 10.5 所示。

图 10.5　网关杀毒设置

第五步：设置其他补充选项，如图 10.6 所示。

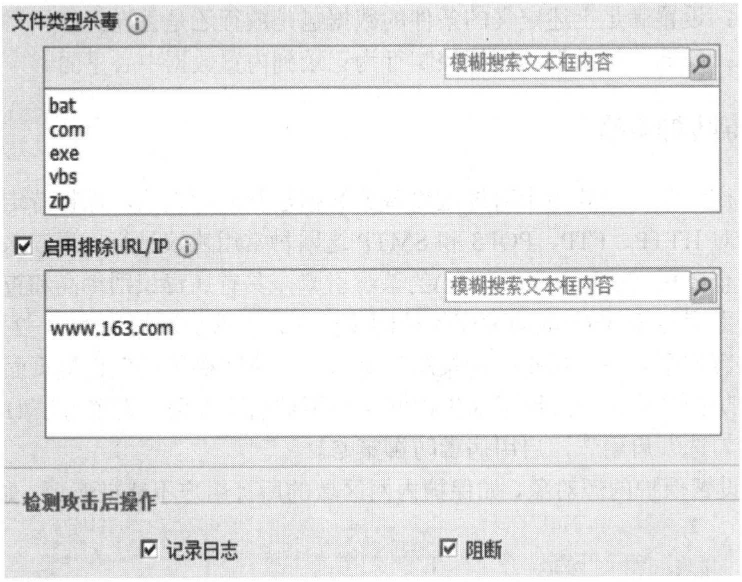

图 10.6　文件类型杀毒配置

"文件类型杀毒"：用于定义需要杀毒的文件扩展名，仅对此列表中的文件类型进行杀毒。此文件类型杀毒仅适用于 HTTP 和 FTP 应用。

"启用排除 URL/IP"：可设置访问某些特殊网站的数据不需要杀毒，排除 URL/IP 仅适用于 HTTP 杀毒。可输入域名，支持通配符，一行一个域名或者 IP 地址。一般应将杀毒厂商域名排除，以供内网电脑的杀毒软件客户端正常更新病毒库。

"检测攻击后操作"：用于设置检测到有病毒时设备采取的动作，可以是"记录日志"和"阻断"。

最后点击【提交】按钮，即完成配置。

**注意**：只有添加到"文件类型杀毒"中的文件类型才会被进行杀毒。

### 10.2.3　威胁隔离

点击"内容安全"→"威胁隔离"进入"编辑威胁隔离"设置界面，在此界面可以对威胁隔离策略进行新增、删除、启用、禁用设置。设置页面如图 10.7 和图 10.8 所示。

图 10.7　威胁隔离界面

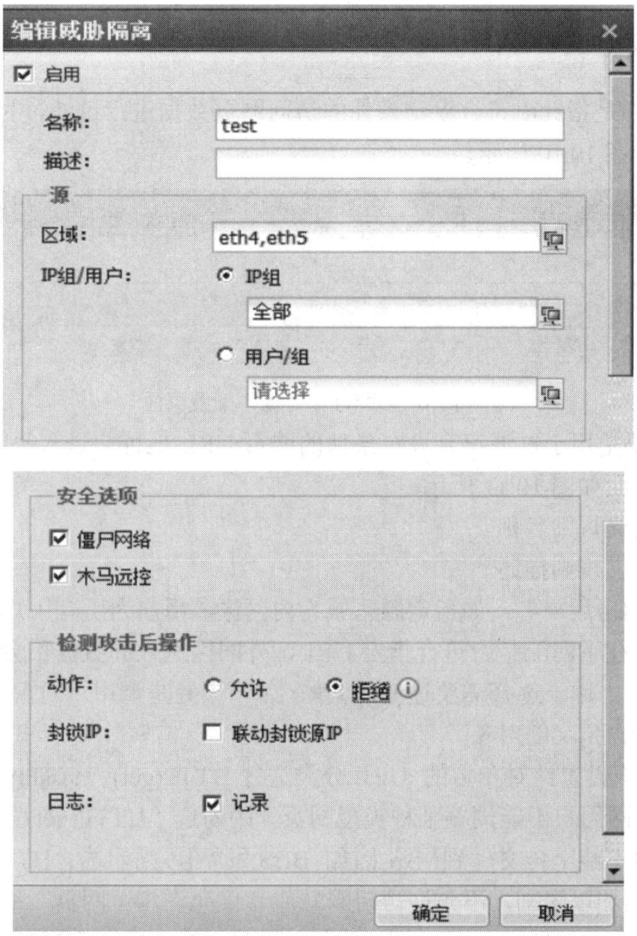

图 10.8　编辑威胁隔离

　　**注意**：在"安全选项"中勾选了"僵尸网络"、"木马远控"，当有匹配规则的流量经过设备时，在"检测攻击后操作"中即使设置了拒绝，该数据包也不会被拒绝。

　　"排除域名/IP"：对于内外网的 IP 和域名进行威胁隔离的排除，排除列表中的域名和

IP 后，即使存在僵尸网络恶意流量，也不进行拦截。界面如图 10.9 所示。

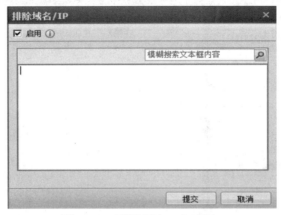

图 10.9　　"排除域名/IP"配置

## 10.2.4　Web 过滤

"WEB 过滤"是指针对符合设定条件的访问网页数据进行过滤，主要包括 URL 过滤、文件过滤。页面如图 10.10 所示。

图 10.10　　"WEB 过滤"配置页面

URL 过滤主要是用于过滤符合设定条件的网页 URL 地址。进入"URL 过滤"界面，点击"新增"，界面如图 10.11 所示。

"名称"：定义规则名称。

"描述"：定义规则描述。

源"区域、IP组/用户"：如指定源区域为内网区，用户为所有用户，则从内网区进入设备的所有数据会往下匹配是否符合指定 URL，外网区进入的数据不会匹配该规则。

"URL 分类"：用于选择需要过滤的 URL 库。该处是调用"对象定义"→"URL 分类库"中内置的和自定义的对象。

"类型"：用于设置针对指定的 URL 分类进行 HTTP(get)、HTTP(post)、HTTPS 过滤。例如，需要过滤内网用户不能浏览某种类型网页，则勾选"HTTP(get)"；需要设置内网用户只能浏览网页但不能上传文件到网站上(如 BBS 发帖)，则勾选"HTTP(post)"；需要对 HTTPS 类型的网站加以限制，不允许访问网站或者仅允许浏览网页、不允许上传，则可同时勾选"HTTPS"和"HTTP(get)"或者同时勾选"HTTPS"和"HTTP(post)"。

"生效时间"：指定过滤规则的生效时间。

"动作"：设置满足上述定义的条件的数据包是放行还是丢弃。

"日志"：勾选"记录"，则把用户访问的 URL 行为日志记录到内置数据中心里面。

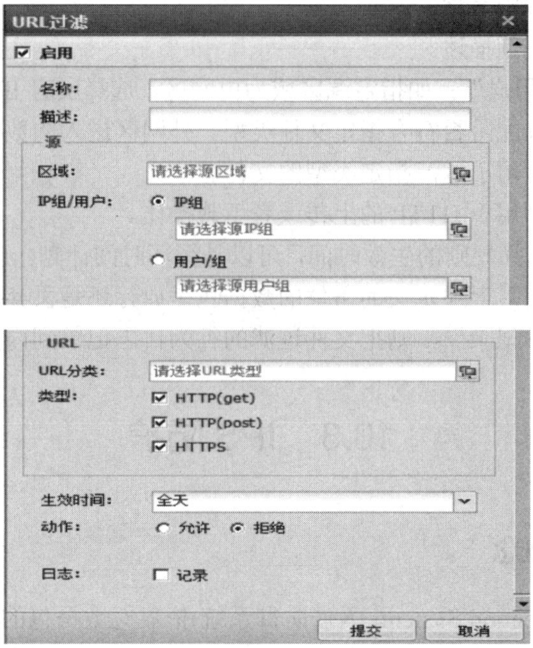

图 10.11　"URL 过滤"界面

"文件过滤"用于过滤通过 HTTP 上传或者下载某些格式的文件，例如实现上班时间禁止内网用户下载电影格式的文件，页面如图 10.12 所示。

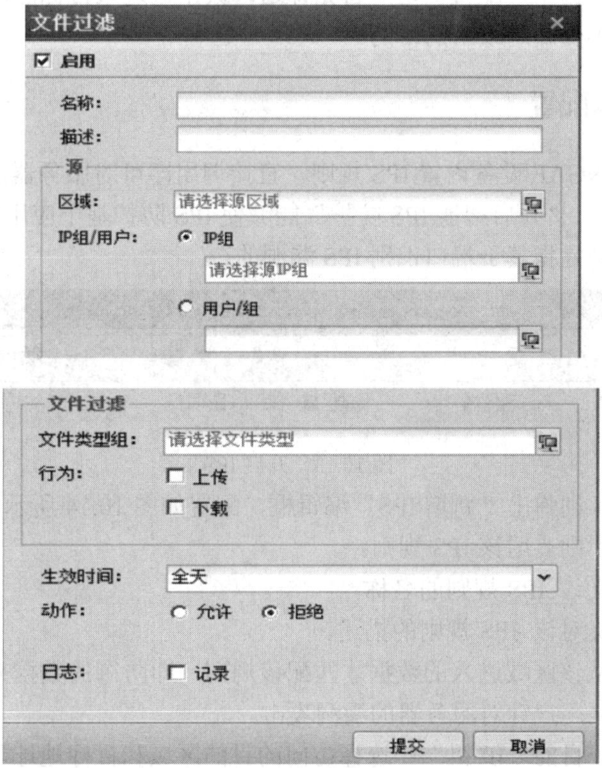

图 10.12　文件过滤配置

　　"名称"：定义规则名称。

　　"描述"：定义规则描述。

　源"区域、IP 组/用户"：如指定源区域为内网区，选择所有 IP，则从内网区进入设备的所有数据包会往下匹配是否符合指定文件类型。外网区进入的数据则不会匹配该规则。

　　"文件类型组"：用于过滤指定类型的文件。

　　"行为"：该规则用于 HTTP 的上传或者下载操作。

　　"生效时间"：选择规则的生效时间，可以是循环时间计划，也可以是单次时间计划。

　　"动作"：设置满足上述定义的条件的数据包是放行还是丢弃。

　　"日志"：勾选"记录"，则把文件过滤的行为日志记录到内置数据中心里面。

# 10.3　IPS 防护

## 10.3.1　IPS 基本概念

　　IPS(Intrusion Prevention System，入侵防御系统)依靠对数据包的检测来发现对内网系统的潜在威胁。不管是操作系统本身，还是运行之上的应用软件程序，都可能存在一些安全漏洞，攻击者可以利用这些漏洞发起带攻击性的数据包。NGAF 内置了针对这些漏洞的防护规则，并且通过对进入网络的数据包与内置的漏洞规则列表进行比较，确定这种数据包的真正用途，然后根据用户配置决定是否允许这种数据包进入目标区域网络，以达到保护目标区域网络主机不受漏洞攻击的目的。

## 10.3.2　IPS 基本配置

　　深信服防火墙 NGAF 设备内置 IPS 规则，直接调用即可对服务器进行漏洞防护，配置界面如图 10.13 所示。"开启智能 IPS 防护"能够使 IPS 防护基于应用识别 IPS 漏洞，如果该模式没有开启，则是指基于端口识别 IPS 漏洞的。

图 10.13　开启 IPS

　　点击"新增"，则弹出"新增 IPS"编辑框，配置如图 10.14 所示。

　　勾选"启用"，则启用该 IPS 规则。

　　"名称"：定义该 IPS 规则的名称。

　　"描述"：定义对该 IPS 规则的描述。

　源"区域"：从该区域进入的数据才匹配该规则，即防御的数据来源。如选择公网区域，则可以检测公网用户针对服务器的漏洞攻击。

　　目的"区域"、目的"IP 组"：选择访问的目的区域和目标地址，只有属于该区域的 IP 组里面的 IP 才匹配该规则。此处一般选择防御的保护对象。

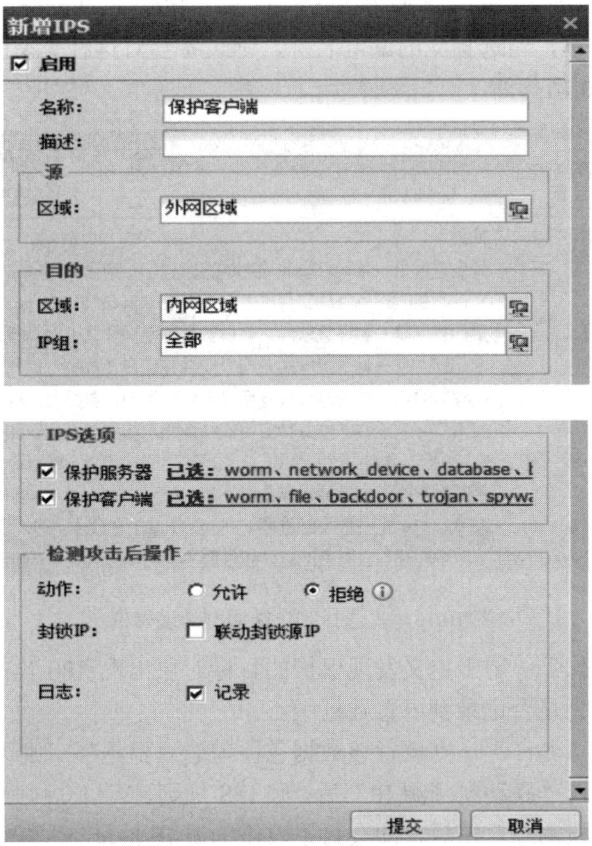

图 10.14　新增 IPS

　　"IPS 选项"：设置保护的内容。勾选"保护服务器"，同时点击"已选：worm、network_device、database…"弹出"选择服务器漏洞"编辑框，根据服务器发布的服务类型,勾选相应的漏洞名称,则设备会对这一种服务类型的相关漏洞进行入侵防护,如图 10.15 所示。

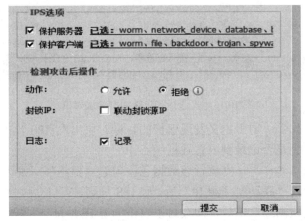

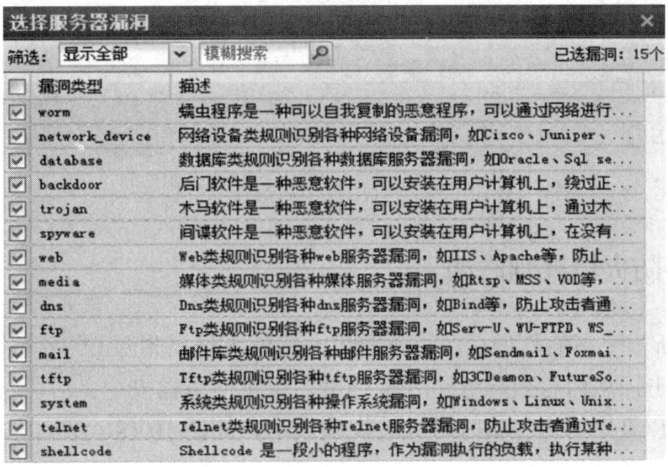

图 10.15　"选择服务器漏洞"编辑框

勾选"保护客户端",同时点击"已选:worm、file、backdoor,trojan..."弹出"选择客户端漏洞"编辑框,勾选相应的漏洞名称,则设备会对这种类型的客户端相关漏洞进行入侵防护,如图 10.16 所示。

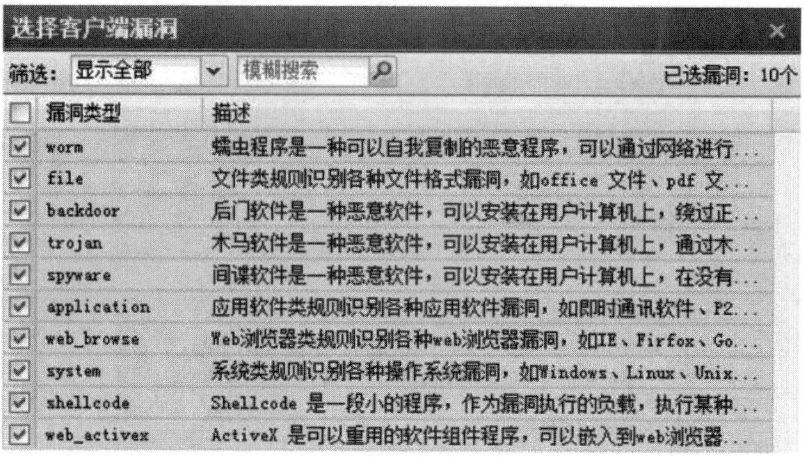

图 10.16　"选择客户端漏洞"编辑框

"检测攻击后操作":用于定义发现保护的目标对象出现 IPS 攻击后,该数据包是放行还是拒绝以及该行为是否记录到内置数据中心。

"动作":勾选"允许",则放行该数据包;勾选"拒绝",则丢弃该数据包。

"封锁 IP":勾选"联动封锁源 IP"后,则 IPS 规则、WAF 规则或数据防泄密三个模块中的任何一个模块检测到攻击后,即会封锁攻击的源 IP 地址。

"日志":勾选"记录",则会记录 IPS 攻击包的攻击行为到内置数据中心里面,如图 10.17 所示。

图 10.17　"检测攻击后操作"界面

### 10.3.3　IPS 与防火墙规则联动

IPS/WAF 阻断一个高危入侵后,即通知防火墙模块阻止此源 IP 通信一段时间,使入侵源 IP 无法继续攻击,从而有效降低了入侵强度,保护服务器安全。

配置 IPS/WAF/僵尸网络与临时防火墙规则联动,如图 10.18 至图 10.20 所示。

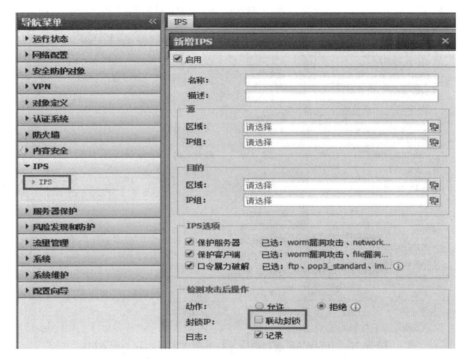

图 10.18　IPS/WAF/僵尸网络与临时防火墙规则联动配置(1)

图 10.19　IPS/WAF/僵尸网络与临时防火墙规则联动配置(2)

图 10.20　IPS/WAF/僵尸网络与临时防火墙规则联动配置(3)

查看临时防火墙规则,如图 10.21 所示。

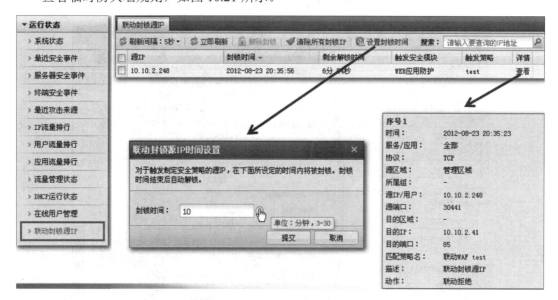

图 10.21　临时防火墙规则

临时防火墙规则联动注意事项如下:

(1) IPS/WAF/僵尸网络模块可以配置联动封锁;

(2) IPS/WAF/僵尸网络中仅"阻断"事件会触发联动封锁;

(3) 联动封锁针对的是该源 IP 通过防火墙的任何通信;

(4) 被联动封锁的主机可访问 NGAF 控制台,无法访问数据中心;

(5) 临时防火墙容量为 1000 条;

(6) 被联动封锁的拒绝记录在应用中查询。

IPS 规则默认有致命、高、中、低、信息五个级别，可能存在外网与内网之间的正常通信被当成一种入侵通信被设备给拒绝了或者是外网对内网的入侵被当成一种正常通信给放通了，造成一定的误判，此时应按下述方法修改 IPS 防护规则：

(1) 配置 IPS 规则时，对于 IPS 日志勾选"记录"；

(2) 根据数据中心的日志，查询到误判规则的漏洞 ID；

(3) 在"对象设置"→"漏洞特征识别库"中，修改相应漏洞 ID 的动作，如改成放行或禁用。

操作如图 10.22 所示。

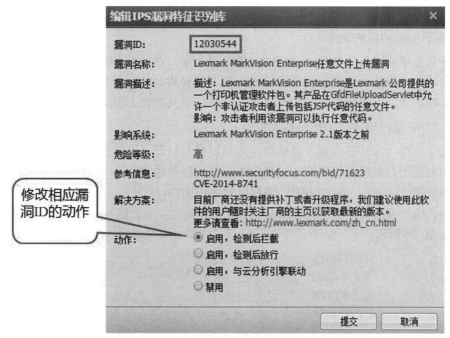

图 10.22　"编辑 IPS 漏洞特征识别库"窗口

**注意事项：**

(1) NGAF 的应用控制策略默认是全部拒绝的，需要手动新建规则进行放通。

(2) Web 过滤中的文件类型过滤不支持针对 FTP 上传、下载的文件类型进行过滤。

(3) 配置 IPS 保护客户端和服务器时，源区域为数据连接发起的区域。

(4) IPS 保护客户端与保护服务器中的客户端漏洞和服务器漏洞规则是不同的，因为攻击者针对服务器和客户端会使用不同的攻击手段。

## 10.4　僵尸网络防护

僵尸网络(Botnet，亦译为丧尸网络、机器人网络)是指黑客利用自己编写的分布式拒绝服务攻击程序将数万个沦陷的机器，即黑客常说的僵尸电脑或肉鸡，组织成一个个控制节点，用来发送伪造数据包或者垃圾数据包，使预定攻击目标瘫痪并"拒绝服务"。通常蠕虫病毒也可以被利用组成僵尸网络。僵尸网络的危害程度如图 10.23 所示。

| 有害软件 | 传播性 | 可控性 | 窃密性 | 危害级别 |
|---|---|---|---|---|
| 缰尸网络 | 具备 | 高度可控 | 有 | 全部控制：高 |
| 木马 | 不具备 | 可控 | 有 | 全部控制：高 |
| 间谍软件 | 一般没有 | 一般没有 | 有 | 信息泄露：中 |
| 蠕虫 | 主动传播 | 一般没有 | 一般没有 | 网络流量：高 |
| 病毒 | 用户干预 | 一般没有 | 一般没有 | 感染文件：中 |

图 10.23　僵尸网络的危害程度

### 1. 僵尸网络的需求来源

传统防毒墙和杀毒软件查杀病毒木马的效果有限，在 APT(高级持续性威胁)场景下，传统防毒墙和杀毒软件更是形同虚设，因此需要一种事后检测机制，用于发现和定位客户端受感染的机器，以降低客户端安全风险。同时，记录的日志要求有较高的可追溯性。

### 2. NGAF 僵尸网络防护功能基本实现

感染了病毒、木马的机器，其病毒、木马试图与外部网络通信时，NGAF 可识别出该流量，并根据用户策略进行阻断和记录日志。此功能是通过获取 HTTP 请求里的 URL 和 Referer 并与黑名单(僵尸网络识别库)进行比对来识别的。

NGAF 僵尸网络防护功能由四部分组成：木马远控、恶意链接、移动安全和异常流量，配置如图 10.24 所示。

图 10.24　僵尸网络的安全选项

(1) 木马远控：会对防护区域发出的或是请求防护区域的数据都进行木马远控安全检测，检测判断依靠的规则库如图 10.25 所示。

图 10.25　僵尸网络识别库

(2) 恶意链接：针对的是可能导致威胁的 URL，如网页挂马、病毒下载链接。恶意链接匹配流程如下：

① 匹配白名单(匹配上的直接放行)。

② 匹配黑名单(内置库)，匹配上的即根据策略配置执行相应动作。

③ 黑白名单都匹配不上，则上报云端分析，如检测出恶意行为，由云端下发给 NGAF 按照策略执行动作。

④ 云端扩充黑名单到新版本恶意链接库。白名单为 Alexa 排行前列的网站域名，如 163.com。查看恶意链接库如图 10.26 所示。

系统更新

| | 序号 | 相关库 | 当前版本 | 最新版本 | 升级服务有… | 自动升级 | 操作 |
|---|---|---|---|---|---|---|---|
| | 1 | 病毒库 | 2014-11-19 | 2015-03-02 | 2015-10-16 | ✓ | |
| | 2 | URL库 | 2015-02-02 | 2015-03-09 | 2015-10-16 | ✓ | |
| | 3 | IPS漏洞特征识别库 | 2015-02-04 | 2015-02-26 | 2015-10-16 | ✓ | |
| | 4 | 软件优化 | -- | 2015-03-06 | 永不过期 | ✓ | |
| | 5 | 应用识别库 | 2015-03-05 | 2015-03-05 | 2015-10-16 | ✓ | |
| | 6 | WEB应用防护库 | 2015-02-06 | 2015-02-06 | 2015-10-16 | ✓ | |
| | 7 | 数据泄密防护库 | 2014-12-10 | 2014-12-10 | 2015-10-16 | ✓ | |
| | 8 | 僵尸网络识别库 | 2015-03-02 | 2015-03-06 | 2015-10-16 | ✓ | |
| | 9 | 实时漏洞分析识别库 | 2015-01-23 | 2015-02-27 | 永不过期 | ✓ | |
| ☑ | 10 | 恶意链接库 | 2015-02-28 | 2015-02-28 | 永不过期 | ✓ | |

图 10.26　查看恶意链接库

(3) 移动安全：包含 Apk 包杀毒功能和移动僵尸网络检测功能，分别生成移动病毒和移动僵尸网络两种类型日志。移动病毒功能除常规的日志详情外，额外包含行为分析报告，由设备将病毒上报云端，云端生成报告后下发给 NGAF 设备。若 NGAF 设备无法上网，则不会生成移动病毒行为分析报告。查看移动安全数据如图 10.27 所示。

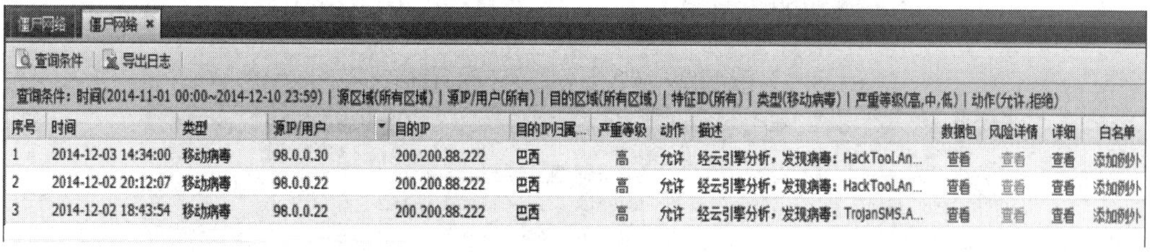

| 序号 | 时间 | 类型 | 源IP/用户 | 目的IP | 目的IP归属 | 严重等级 | 动作 | 描述 | 数据包 | 风险评估 | 详细 | 白名单 |
|---|---|---|---|---|---|---|---|---|---|---|---|---|
| 1 | 2014-12-03 14:34:00 | 移动病毒 | 98.0.0.30 | 200.200.88.222 | 巴西 | 高 | 允许 | 经云引擎分析，发现病毒：HackTool.An... | 查看 | 查看 | 查看 | 添加例外 |
| 2 | 2014-12-02 20:12:07 | 移动病毒 | 98.0.0.22 | 200.200.88.222 | 巴西 | 高 | 允许 | 经云引擎分析，发现病毒：HackTool.An... | 查看 | 查看 | 查看 | 添加例外 |
| 3 | 2014-12-02 18:43:54 | 移动病毒 | 98.0.0.22 | 200.200.88.222 | 巴西 | 高 | 允许 | 经云引擎分析，发现病毒：TrojanSMS.A... | 查看 | 查看 | 查看 | 添加例外 |

图 10.27　查看移动安全数据

(4) 异常流量：为双向识别，动作限制为不拦截。异常流量仅能识别 SSH 与 RDP 反弹连接，其他协议无法识别反弹连接。

僵尸网络异常流量排除 IP 列表内的 IP 依然会识别 SSH 与 RDP 的反弹连接。查看异常流量如图 10.28 所示。

外发流量异常功能是一种启发式的 DoS 攻击检测手段，能够检测源 IP 不变的 syn flood、icmp flood、dns flood 与 udp flood 攻击，不支持 syn+ack flood 与 ack flood 攻击。外发流量异常功能的原理为当特定协议的外发包 pps 超过配置的阈值时，通过检测包是否为单向流量、是否有正常响应等方法，对 5 分钟左右的抓包样本分析得出结论，并将发现的攻击提交日志显示。外发流量异常功能仅用于检测，不执行拒绝。其配置如图 10.29 至图 10.31 所示。

图 10.28　查看异常流量

图 10.29　外发流量异常配置(1)

图 10.30　外发流量异常配置(2)

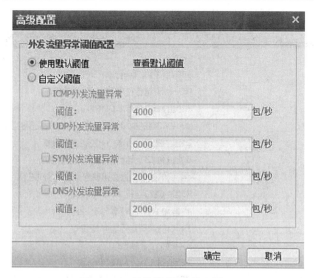

图 10.31　外发流量异常配置(3)

**注意事项:**

(1) 外发流量异常功能的阈值仅用于触发抓包分析的过程,避免对网络流量做实时分析而消耗性能,流量达到阈值不代表一定存在 DoS 攻击。

(2) 一般情况下使用默认阈值即可,若客户网络流量偏大,可酌情自定义更大的阈值,以节省性能。

(3) 外发流量异常功能检测到的 DoS 攻击日志提供数据包下载,对于同一源 IP 的相同攻击类型数据包,一天仅保留一份,重复日志链接到同一个数据包。

NGAF 僵尸网络防护配置步骤如下:

(1) 新增僵尸网络,如图 10.32 所示。

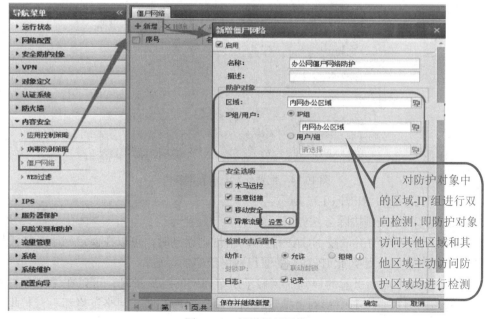

图 10.32　新增僵尸网络

(2) 在安全选项中设置异常检测，如图 10.33 所示。

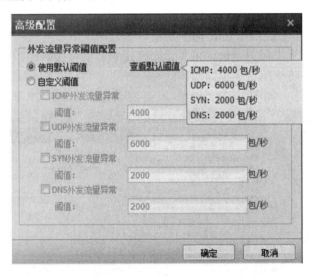

图 10.33 设置异常检测

(3) 配置外发流量异常阈值，如图 10.34 所示。

图 10.34 配置外发流量异常阈值

(4) 显示配置结果，如图 10.35 所示。

NGAF 僵尸网络误判排除方法如下：

(1) 发现某个终端的流量被 NGAF 僵尸网络规则误判时，可以在僵尸网络功能模块下的"排除"栏指定 IP，那么此 IP 将不受僵尸网络策略的拦截。

(2) 发现因某个规则引起的误判而拦截了所有内网终端流量时，可以在【安全防护对象】→【僵尸网络规则库】中找到"指定规则禁用"，所有僵尸网络策略都不会对此规则做任何拦截动作，然后上报深信服区域客服人员处理。

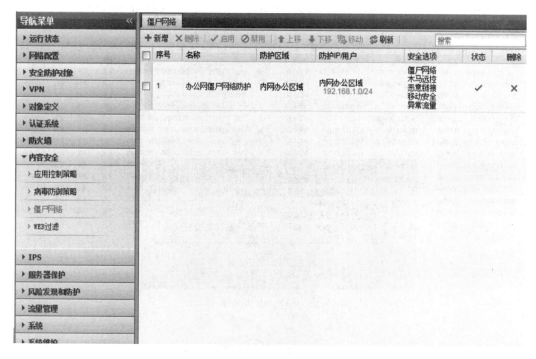

图 10.35　配置结果

IP 排除方法配置如图 10.36 所示。

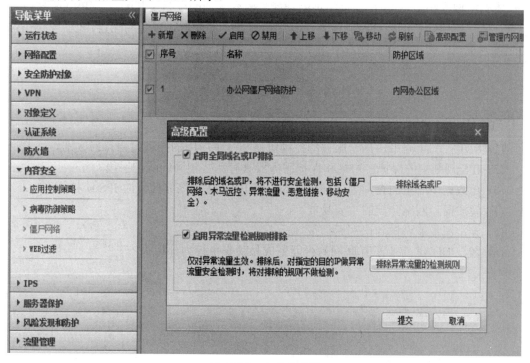

图 10.36　IP 排除方法

禁用规则：也可以直接在内置数据中心查询僵尸网络日志后使用"添加例外"来排除误判，如图 10.37 所示。

图 10.37　添加例外

　　本章主要介绍了 NGAF 安全防护的功能、内容安全的概念及其配置、IPS 的概念及其配置、僵尸网络防护的概念及其配置，其中内容安全的配置、IPS 的配置、僵尸网络防护的配置为重点，希望同学们认真学习掌握。

◀◀ 练 习 题 ▶▶

**问答题**

(1) 应用控制策略中，基于服务的控制策略和基于应用的控制策略有何区别？

(2) IPS 规则中的保护客户端和保护服务器具有哪些相同的防护手段？

(3) 在数据中心里面查询到误判规则的漏洞 ID 后，应该如何修改 IPS 防护规则？

(4) 简述僵尸网络防护的主要功能。

(5) 异常流量能否做到识别后拦截？

(6) 客户 NGAF 上不了互联网是否能生成移动安全行为分析报告？

# *Chapter 11*

# 第 11 章　NGAF 产品部署排错

◆ **学习目标：**

➲　掌握结合数据包拦截日志与直通的排错步骤；
➲　掌握全局排除地址的功能；
➲　掌握结合数据中心的排错步骤；
➲　了解上架断网、网络不通的排错步骤。

◆ **本章重点：**

➲　结合数据包拦截日志与直通的排错步骤；
➲　全局排除地址的功能；
➲　结合数据中心的排错步骤。

◆ **本章难点：**

➲　结合数据包拦截日志与直通的排错步骤；
➲　全局排除地址的功能；
➲　结合数据中心的排错步骤。

◆ **建议学时数：2 学时**

## 11.1　物 理 层 排 错

物理层的排错思路可以通过替换法来判断。具体操作如下：

(1) 通过更换邻接设备的网口甚至邻接设备本身来定位是 AF 设备故障还是环境问题；

(2) 如果执行以上步骤还无法解决，可以进入链路层排错步骤，如图 11.1 所示。

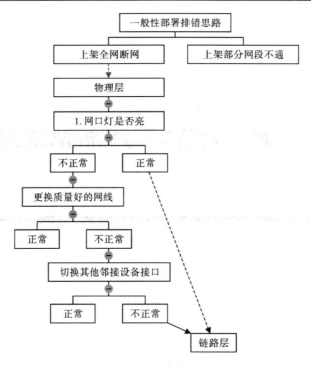

图 11.1 物理层排错

## 11.2 链路层排错

通过检查链路协商状态来定位问题，进行链路层排错，如图 11.2 所示。

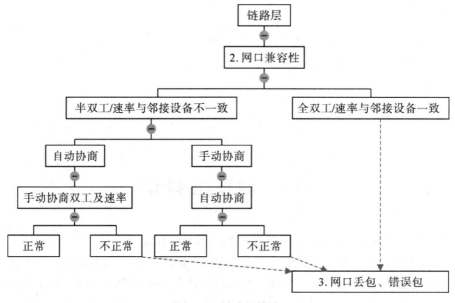

图 11.2 链路层排错

具体操作如下：

(1) 检查双工及速率，通过 AF 控制台页面【网络配置】→【物理接口】→【工作模式】确认。

(2) 根据状态是否异常进行调整。

(3) 若状态正常或调整后仍异常，则检查网口丢包错误情况。

(4) 查看各个接口的 errors/dropped 后面的数字，运行多次命令，看其数值是否增加，且增加速度快；检查网口错误包和丢包情况，通过升级客户端连接设备→【工具】→【查看网络配置】，或者控制台页面→【系统维护】→【命令控制台】输入 ifconfig 命令；arp 表项通过升级客户端→【工具】→【查看 arp 表】，或者控制台页面→【系统维护】→【命令控制台】，输入 arp 命令查看。

(5) 属于以上情况则插入二层设备，例如一个傻瓜交换机，运行正常则说明与邻接设备存在兼容性问题，运行不正常或者无错误包丢包情况则检查 arp 表项。

(6) 运行不正常则检查邻接设备及网络环境，运行正常则转入网络层排错。

# 11.3　网络层排错

通过检查路由表以及 IP 冲突或限制来定位问题，进行网络层排错，如图 11.3 所示。

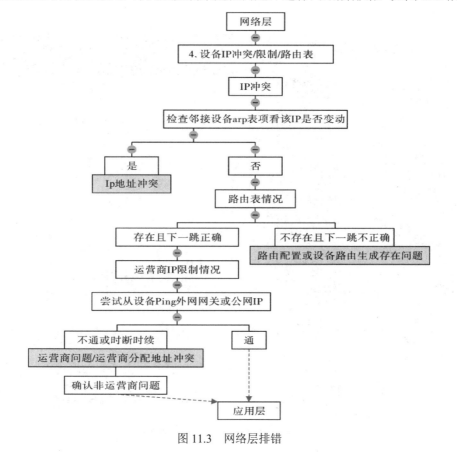

图 11.3　网络层排错

具体操作步骤如下：

(1) 检查 IP 冲突情况，可通过检查邻接设备 arp 表项中该 IP 对应的 mac 是否变动或者 mac 根本不是设备的 mac 来进行定位；

(2) 非以上情况则检查路由表情况，若错误则检查配置，配置正常则联系深信服人员检查设备后台情况；

(3) 路由表正常则需考虑运营商或前置设备限制情况，在设备上面 Ping 外网定位是受限的，Ping 操作通过升级客户端→【工具】→【Ping】/控制台页面→【系统维护】→【命令控制台】Ping 命令进行；

(4) 确认非前置限制问题或 Ping 正常但上网不正常，转入应用层排错，例如 qq 上不了，如果网页打不开的则需首先检查 dns 情况再来定位设备问题。

另外，网络层排错适用于设备网关部署或混合部署等要求设备路由转发的情况，虚拟网线或透明网桥等部署则可以略过此步，直接往应用层方面排错。

# 11.4　应用层排错

(1) 考虑到设备策略限制情况，可以通过检查各个策略设置情况来定位，也可以通过控制台页面→【系统维护】→【数据包拦截日志与直通】功能进行定位，实现应用层排错。如图 11.4 所示。

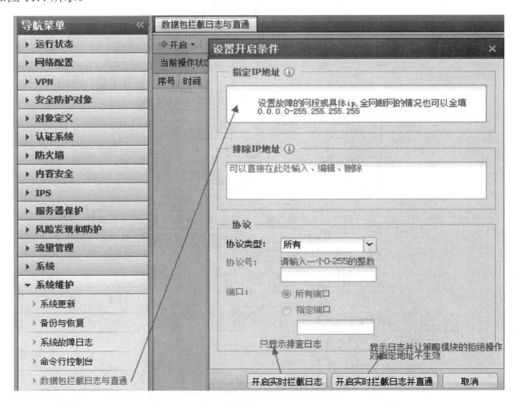

图 11.4　数据包拦截日志与直通配置

　　NGAF 中开启实时拦截日志并直通不生效或无效的模块有：二层协议过滤和 DoS/DDoS
防护中的基于数据包攻击和异常数据报文检测、网页防篡改。

　　(2) 开启直通后仍然无法解决，保持直通未关闭状态，对控制台页面→【系统】→【全
局排除地址】填写故障网段或具体 IP，如图 11.5 所示。

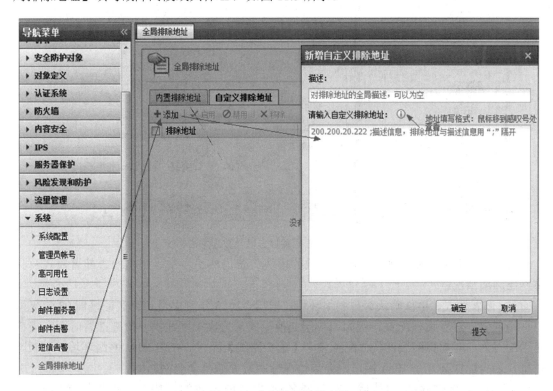

图 11.5　全局排除地址配置

　　(3) 直通后正常则需定位具体拒绝模块从而调整策略配置。首先查看拦截日志，看能
否定位具体策略和模块，另外还可以通过数据中心日志来查看。如图 11.6 至图 11.8 所示。

图 11.6　查看拦截日志

图 11.7　查看数据中心日志

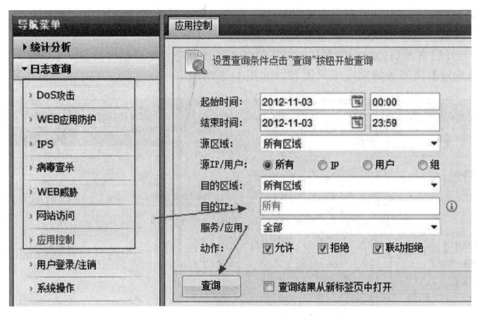

图 11.8　查看拦截日志以及数据中心

(4) 若排除后正常，则检查直通无效的模块，若仍然不正常，则需检查部署模式及具体网络环境情况。

(5) 部署模式，再次确认客户网络环境，根据"2013 年度渠道初级认证培训 03 常见网络环境部署"进行调整配置。例如，二层交换模式部署虚拟网线需要检查部署时两个接口是否配对为一对虚拟网线，具体配置参考【虚拟网线】配置。在多 Vlan 网络环境、透明网桥下，若少配置某几个 Vlan 接口则会导致部分网段不通甚至全网断网。

NGAF 全局排除地址(排除 IP 或域名)不生效或无效的模块有：地址转换(NAT)、DoS/DDoS 防护中基于数据包攻击和异常包检测、流量审计(IP 流量排行、用户流量排行、应用流量排行)、连接数控制。其中流量审计、连接数限制模块在 AF 2.0 后会修改为不审计和不限制排除 IP 和域名。

## 本 章 小 结

本章主要介绍了物理层排错、链路层排错、网络层排错、应用层排错的思路和步骤，其中结合数据包拦截日志与直通的排错、全局排除地址，以及结合数据中心日志的排错为重点，希望同学们认真掌握。

## ◀◀ 练 习 题 ▶▶

1. 说明设备上架部署导致断网的思路，根据什么体系来进行排错？
2. 链路层常见的故障及解决方法是什么？
3. 关于应用层的排查，NGAF 设备控制台页面提供了哪几个功能用于排错？

# 第 12 章  虚拟防火墙

◆ 学习目标：

➲  了解虚拟防火墙的产生；

➲  了解虚拟防火墙定义及优势；

➲  掌握虚拟防火墙技术原理；

➲  掌握深信服虚拟防火墙的部署和配置。

◆ 本章重点：

➲  防火墙定义及优势；

➲  虚拟防火墙技术；

➲  深信服虚拟防火墙的部署和配置。

◆ 本章难点：

➲  虚拟防火墙技术；

➲  深信服虚拟防火墙的部署和配置。

◆ 建议学时数：6 学时

本章从虚拟防火墙的产生和定义出发，阐述了虚拟防火墙的技术原理，以及深信服虚拟防火墙的部署和管理。

## 12.1  虚拟防火墙概述

随着互联网的飞速发展，企业和机构的业务规模和管理复杂度都在急剧增加，安全问题也日益凸显。面对来自 Web 应用的攻击，传统防火墙在部署、防护、投资、运维等各个方面捉襟见肘，针对此，各信息安全厂商纷纷开始研发虚拟防火墙产品。深信服新一代虚拟防火墙 vNGAF 产品是专为虚拟化云计算网络安全而设计的，可以无缝集成到虚拟化或云计算平台上，满足用户随需选配和灵活扩展的安全需求，实现对 hypervisor 上二层到七层的流量深度检测和清洗，有效解决虚拟网络中的区域隔离、访问控制、风险识别、威胁防护、漏洞检测、应用控制等安全需求。

### 12.1.1 虚拟防火墙的产生和定义

我们以 MPLS VPN(多协议标签交换虚拟专网技术)组网为例，介绍在新的业务模型下传统防火墙是如何实现对各相互独立的业务部门进行各自独立的安全策略部署的。业界通行的做法是在园区各业务 VPN 前部署防火墙来完成对各部门的安全策略部署,实现对部门网络的访问控制。防火墙的一般部署模式如图 12.1 所示。

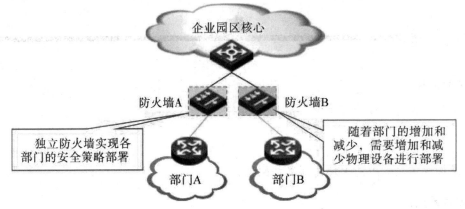

图 12.1　传统防火墙部署方式

然而，由于企业 VPN 数量众多，而且企业业务发展迅速，显而易见，这种传统的防火墙部署模式会导致防火墙数量增多，管理不方便，已经不太适应现有的应用环境，存在着如下的不足：

· 为数较多的部门划分，导致企业要部署管理多台独立防火墙，从而致使拥有和维护成本较高；

· 集中放置的多个独立防火墙将占用较多的机架空间，并且给综合布线带来额外的复杂度；

· 物理防火墙的增加意味着网络中需要管理的网元设备的增多，势必增加网络管理的复杂度。

由于传统防火墙部署缺陷和应用的不足，以及虚拟化技术的普遍性发展，为了更加适应新业务模式的需要，虚拟防火墙技术应运而生。

虚拟防火墙就是可以将一台防火墙在逻辑上划分成多台虚拟的防火墙，每个虚拟防火墙系统都可以被看成是一台完全独立的防火墙设备，可拥有独立的系统资源、管理员、安全策略、用户认证数据库等。虚拟防火墙可以分为软件虚拟防火墙和硬件虚拟防火墙。虚拟防火墙诞生以后，对用户来说其部署模式变为如图 12.2 所示形式。

如图 12.2 所示，在 MPLS 网络环境中，在 PE 与 CE 之间部署一台物理防火墙。利用逻辑划分的多个防火墙实例来部署多个业务 VPN 的不同安全策略。这样的组网模式极大地减少了用户拥有成本。随着业务的发展，当用户业务划分发生变化或者产生新的业务部门时，可以通过添加或者减少防火墙实例的方式十分灵活地解决后续网络扩展问题，在一定程度上极大地降低了网络安全部署的复杂度。另一方面，由于以逻辑的形式取代了网络中的多个物理防火墙，极大地减少了企业运维中需要管理维护的网络设备，简化了网络管理的复杂度，减少了误操作的可能性。

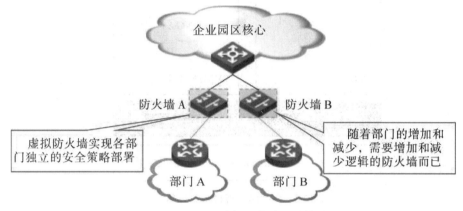

图 12.2　虚拟防火墙部署模型

## 12.1.2　虚拟防火墙的优势和安全隐患

通过上述对虚拟防火墙的介绍，可以看出虚拟防火墙与传统的防火墙相比，存在着如下优势：

(1) 通过一台防火墙虚拟多个逻辑防火墙，降低了投资成本；

(2) 通过逻辑管理虚拟防火墙设备，体现了灵活性和扩展性；

(3) 通过虚拟化统一管理平台，管理员只需对一台防火墙进行管理，大大减轻了工作量，减少了故障点；

(4) 虚拟防火墙作为产品和服务供应是 MSSP(管理安全服务供应商)服务模式的体现。

虚拟防火墙虽然有很多优势，但同时也存在着一些安全隐患：

(1) 虚拟化产品本身的安全性不足则会带来黑客使用隐患；

(2) 虚拟化安全产品的可控性是产品使用的关键点，尤其是关键基础设施信息系统中的应用；

(3) 虚拟化产品的管理需要较为严格的应用管理规范，从而为虚拟化产品的使用提供管理保障。

## 12.1.3　虚拟防火墙技术原理

虚拟化技术的实现形式是在系统中加入一个虚拟化层，将下层的资源抽象成另一形式的资源，提供给上层使用。防火墙虚拟化就是使软件和硬件相互分离，把软件从主要安装硬件中分离出来，使得上层虚拟应用防火墙系统可以直接运行在虚拟环境上，可允许多个应用防火墙系统同时运行在一个物理防火墙主机上。虚拟防火墙技术原理如图12.3所示。

虚拟化平台上物理 CPU 可以虚拟出多个逻辑 CPU，虚拟防火墙和虚拟 CPU 的协同需求一般基于虚拟防火墙系统处理的业务和性能需求进行按需分配，以实现多个虚拟防火墙同时运行在一个硬件平台上。

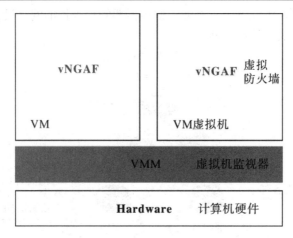

图 12.3　虚拟防火墙技术原理图

# 12.2　深信服 vNGAF 简介

深信服新一代防火墙虚拟化产品，以下简称 vNGAF(亦可称为 vAF)，是为了满足当前日益增长的数据中心和服务器虚拟化而推出的一款更易于在虚拟化环境部署、更好地针对虚拟化网络环境下的业务系统进行安全防护的防火墙产品。

使用 vNGAF 无需购买硬件设备，更加易于部署在虚拟化网络环境中，且有效解决了硬件设备防火墙无法对虚拟网络环境下的业务系统进行更有针对性的防护、对虚拟网络环境下服务器之间的访问权限进行更加适合和有效控制等问题。

深信服 vNGAF 是面向应用层设计的虚拟化新一代防火墙，可以对 hypervisor 平台上虚机间的流量进行双向检测，并深入到数据内容层面的全面风险核查，能够精确识别用户、应用和内容，具备 L2 到 L7 完整安全防护能力，不仅能够全面替代传统防火墙，同时智能融合了 IPS、WAF、防病毒、漏洞检测、僵尸网络检测、数据防泄密、应用控制、URL 过滤、服务器风险识别等功能，同时创新的单次解析架构保障了强劲的应用层安全处理能力，实现了在数据中心云平台等大流量场景下的一体化安全防护。

vNGAF 支持在多种虚拟化云平台环境提供安全服务，可以以虚拟机的方式智能融合到 vmware/KVM/XEN 等虚拟化平台，提供对这些平台上的网络的全面的安全保护，并支持虚拟机克隆、漂移等功能，同时满足 OpenStack 等云管理平台的统一管理；vAF 支持在公有云平台的在线使用，阿里云和亚马逊云上的租户可以在线选配深信服 vAF 服务，实现云中业务二层到七层全面专业的安全保障。

## 12.2.1　vNGAF 产品说明

目前，深信服 vNGAF 产品有 AF5.8R2 和 AF6.1R1 两个版本，AF5.8R2 是通用版，AF6.1R1 是升级版，两者的部署和配置基本相同。

vNGAF 是基于 Vmware ESXi 5.5 进行开发和测试的，支持部署在 VMware ESXi 5.1～5.5 的虚拟环境中，部署 vNGAF 的 VMware 主机至少需要有 40 GB 的硬盘空间剩余。

vNGAF 提供一个用于在 VMware 部署的 OVA 模板，可以通过 VMware 管理平台"部署 OVF 模板"部署到 VMware 虚拟环境中。部署 vNGAF 需要配合部署一个授权服务器的虚拟主机，授权服务器使用 USBKEY 给 vNGAF 进行安全防护功能的授权。

vNGAF 不对 VMware 的虚拟机配置和操作(如克隆、快照、迁移等)进行限制，管理员可以通过 VMware 的这些常用操作对 vNGAF 的部署和配置进行简易灵活的修改。

### 1. vNGAF 配置管理

(1) 管理员可以通过 VMware 管理界面的控制台进行管理 IP/网关的配置，也可以查看 vNGAF 基本的网络配置(如路由、ARP、IP 等)和进行网络互通的测试(如 ping、traceroute)。

(2) 管理员通过 VMware 给 vNGAF 设置的管理 IP，使用浏览器访问 vNGAF 的管理控制台，可以对 vNGAF 的网络、部署方式、安全防护策略等进行专业化的配置。

(3) 在 vNGAF 管理控制台上管理员根据需要可以为 vNGAF 配置更多的管理方式，如 SSH、SNMP 等。

### 2. 产品设计理念

(1) 更精细的应用层安全控制：
- 贴近国内应用、持续更新的应用识别规则库；
- 识别内外网超过 1500 多种应用、3000 多种动作；
- 支持包括 AD 域、Radius 等 8 种用户身份识别方式；
- 面向用户与应用策略配置，减少错误配置的风险。

(2) 更全面的内容级安全防护：
- 基于攻击过程的服务器保护，防御黑客扫描、入侵、破坏三部曲；
- 强化的 Web 应用安全，支持多种 SQL 注入防范、XSS 攻击、CSRF 漏洞、权限控制等；
- 完整的终端安全保护，支持漏洞、病毒防护等；
- 双向内容检测，功能防御策略智能联动。

(3) 更高性能的应用层处理能力：
- 单次解析架构实现报文一次拆解和匹配；
- 多核并行处理技术提升应用层分析速度；
- Regex 正则表达引擎提升规则解析效率；
- 全新技术架构实现应用层万兆处理能力。

## 12.2.2　vNGAF 产品功能特色

### 1. 可视的网络安全情况

vNGAF 独创的应用可视化技术，可以根据应用的行为和特征实现对应用的识别和控制，而不仅仅依赖于端口或协议，摆脱了过去只能通过 IP 地址来控制的尴尬，即使加密过的数据流也能应付自如。目前，vNGAF 的应用可视化引擎不但可以识别 1200 多种的内外网应用及其 2700 多种应用动作，还可以与多种认证系统(AD、LDAP、Radius 等)、应用系统(POP3、SMTP 等)无缝对接，自动识别出网络当中 IP 地址对应的用户信息，并建立组织的用户分组结构;既满足了普通互联网边界行为管控的要求,同时还满足了在内网数据中心和广域网边界的部署要求,可以识别和控制丰富的内网应用,如 Lotus Notes、RTX、Citrix、Oracle EBS、金蝶 EAS、SAP、LDAP 等,针对用户应用系统更新服务的诉求,vNGAF 还可以精细识别 Microsoft、360、Symantec、Sogou、Kaspersky、McAfee、金山毒霸、江民杀毒等软件更新,保障在安全管控严格的环境下,系统软件更新服务畅通无阻。

因此,通过应用可视化引擎制定的 L4~L7 一体化应用控制策略,可以为用户提供更加精细和直观的控制界面,在一个界面下完成多套设备的运维工作,提升工作效率。

1) 可视化的网络应用

随着网络攻击不断向应用层业务系统转移,传统的网络层防火墙已经不能有效实施防护。因此,作为企业网络中最重要的屏障,如何帮助用户实现针对所有业务的安全可视化变得十分重要。vNGAF 以精确的应用识别为基础,可以帮助用户恢复对网络中各类流量的掌控,阻断或控制不当操作,根据企业自身状况合理分配带宽资源等。

vNGAF 的应用识别有以下几种方式:

第一,基于协议和端口的检测仅仅是第一步(传统防火墙的做法)。固定端口小于 1024 的协议,其端口通常是相对稳定的,可以根据端口快速识别应用。

第二,基于应用特征码的识别,深入读取 IP 包载荷的内容中的 OSI 七层协议中的应用层信息,将解包后的应用信息与后台特征库进行比较来确定应用类型。

第三,基于流量特征的识别,不同的应用类型体现在会话连接或数据流上的状态各有不同,例如,基于 P2P 下载应用的流量模型特点为平均包长都在 450 字节以上,下载时间长,连接速率高,首选传输层协议为 TCP 等;vNGAF 基于这一系列流量的行为特征,通过分析会话连接流的包长、连接速率、传输字节量、包与包之间的间隔等信息来鉴别应用类型。

2) 可视化的业务和终端安全

vNGAF 可对经过设备的流量进行实时流量分析,相比主动漏洞扫描工具或者是市场的漏扫设备,被动漏洞分析最大的优势就在于能实时发现客户网络环境的安全缺陷,且不会给网络产生额外的流量。此模块设计的初衷就是希望能够实时发现和跟踪网络中存在的主机、服务和应用,发现服务器软件的漏洞,实时分析用户网络中存在的安全问题,为用户展现 vNGAF 的安全防护能力。实时漏洞分析功能主要可以帮助用户从以下几个方面来被动地对经过的流量进行分析:

(1) 底层软件漏洞分析。

实时分析网络流量,发现网络中存在漏洞的应用,把漏洞的危害与解决方法通过日志和报表进行展示。其支持的应用包括:HTTP 服务器(Apache、IIS),FTP 服务器(FileZilla),Mail 服务器(Exchange),Realvnc,OpenSSH,Mysql,DB,SQL,Oracle 等。

(2) Web 应用风险分析。

针对用户 Web 应用系统中存在的如下风险和安全问题进行分析:

① SQL 注入、文件包含、命令执行、文件上传、XSS 攻击、目录穿越、Webshell。

② 发现网站/OA 存在的设计问题,包括:

• 在 HTTP 请求中直接传送 SQL 语句;

- 在 HTTP 请求中直接传送 javascript 代码；
- URL 中包含敏感信息，如 user、username、pass、password、session、jsessionid、sessionid 等信息；

③ 支持第三方插件的漏洞检测，如媒体库插件 jplayer，论坛插件 discuz，网页编辑器 fckeditor、freetextbox、ewebeditor、webhtmleditor、kindeditor 等。

(3) Web 不安全配置检测。

各种应用服务的默认配置存在安全隐患，容易被黑客利用，例如，SQL Server 的默认安装，就具有用户名为 sa，密码为空的管理员账号。对于不安全的默认配置，管理员通常难以发觉，并且随着服务的增多，发现这些不安全的配置就更耗人力了。

vNGAF 支持常用 Web 服务器不安全配置检测，如 Apache 的 httpd.conf 配置文件，IIS 的 metabase.xml 配置文件，nginx 的 web.xml 和 nginx.conf 配置文件，Tomcat 的 server.xml 配置文件，PHP 的 php.ini 配置文件等等，同时也支持操作系统和数据库配置文件的不安全配置检测，如 Windows 的 ini 文件，Mysql 的 my.ini，Oracle 的 sqlnet.ora 等等。

(4) 弱口令检测。

支持 FTP、POP3、SMTP、Telnet、Web、Mysql、LDAP、AD 域等协议或应用的弱口令检查。另外，vNGAF 还提供强大的综合风险报表功能。能够从业务和用户两个维度来对网络中的安全状况进行全面评估，区分检测到的攻击和其中真正有效的攻击次数，针对攻击类型、漏洞类型和威胁类型进行详细的分析，并提供相应的解决建议，同时还能够针对预先定义好的业务系统进行威胁分析，还原给客户一个网络真实遭受到安全威胁的情况。

3) 智能用户身份识别

网络中的用户并不一定需要平等对待，通常，许多企业策略仅仅是允许某些 IP 段访问网络及网络资源。vNGAF 提供基于用户与用户组的访问控制策略，它使管理员能够基于各个用户和用户组(而不是仅仅基于 IP 地址)来查看和控制应用使用情况。在所有功能中均可获得用户信息，包括应用访问控制策略的制定和安全防护策略的创建、取证调查和报表分析。

(1) 映射组织架构。

vNGAF 可以按照组织的行政结构建立树形用户分组，将用户分配到指定的用户组中，以实现网络访问权限的授予与继承。用户创建的过程简单方便，除手工输入账户方式外，vNGAF 能够根据 OU 或 Group 读取 AD 域并控制服务器上用户的组织结构，同时保持与 AD 的自动同步，方便管理员管理。

此外，vNGAF 支持账户自动创建功能，依据管理员分配好的 IP 段与用户组的对应关系，基于新用户的源 IP 地址段自动将其添加到指定用户组同时绑定 IP/MAC，并继承管理员指定的网络权限。管理员亦可将用户信息编辑成 Excel、TXT 文件，将账户导入，实现快捷地创建用户和分组信息。

(2) 建立身份认证体系。

- 本地认证：Web 认证、用户名/密码认证、IP/MAC/IP-MAC 绑定；
- 第三方认证：AD、LDAP、Radius、POP3、PROXY 等；
- 单点登录：AD、POP3、Proxy、HTTP POST 等；
- 强制认证：强制指定 IP 段的用户必须使用单点登录(如必须登录 AD 域等)。

丰富的认证方式帮助组织管理员有效区分用户，建立组织身份认证体系，进而形成树形用户分组，映射组织行政结构，实现用户与资源的一一对应。

vNGAF 支持为未认证通过的用户分配受限的网络访问权限，将通过 Web 认证的用户重定向至显示指定网页，方便组织管理员发布通知。

4) 面向用户与应用的访问控制策略

当前的网络环境中，IP 不等于用户，端口不等于应用。而传统防火墙的基于 IP/端口的控制策略就会失效，用户可以轻易绕过这些策略，不受控制地访问互联网资源及数据中心的内容，这就带来了巨大的安全隐患。

vNGAF 不仅具备了精确的用户和应用的识别能力，还可以针对每个数据包找出相对应的用户角色和应用的访问权限，如图 12.4 所示。通过将用户信息、应用识别有机结合，提供角色为应用和用户的可视化界面，真正实现了由传统的"以设备为中心"到"以用户为中心"的应用管控模式转变。帮助管理者实施针对何人、何时、何地、何种应用的动作、何种威胁等多维度的控制，制定出 L4～L7 的一体化基于用户应用的访问控制策略，而不是仅仅看到 IP 地址和端口信息。在这样的信息帮助下，管理员可以真正把握安全态势，实现有效防御，恢复了对网络资源的有效管控。

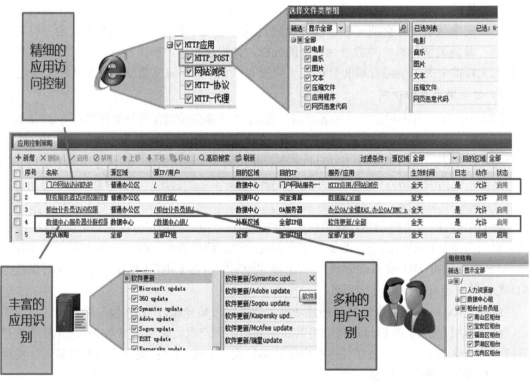

图 12.4　用户角色和应用的权限

5) 基于应用的流量管理

传统防火墙的 QoS 流量管理策略仅仅是简单的基于数据包优先级的转发，当用户带宽流量过大、垃圾流量占据大量带宽，而这些流量来源于同一合法端口的不同非法应用时，传统防火墙的 QoS 便失去意义。vNGAF 提供基于用户和应用的流量管理功能，能够基于应用做流量控制，实现阻断非法流量、限制无关流量保证核心业务的可视化流量管理价值。

vNGAF 采用了如下队列流量处理机制：

首先，将数据流根据各种条件进行分类(如 IP 地址、URL、文件类型、应用类型等分类，像 skype、emule 属于 P2P 类)。

然后，将分类后的数据包放置于各自的分队列中，每个分类都被分配了一定带宽值，相同的分类共享带宽。当一个分类上的带宽空闲时，可以分配给其他分类，其中带宽限制是通过限制每个分队列上数据包的发送速率来限制每个分类的带宽的，提高了带宽限制的精确度。

最后，在数据包的出口处，每个分类具备一个优先级别，优先级高的队列先发送，当优先级高的队列中的数据包全部发送完毕后，再发送优先级低的队列。也可以为分队列设置其他排队方法，防止优先级高的队列长期占用网络接口。

(1) 基于应用/网站/文件类型的智能流量管理。

vNGAF 可以基于不同用户(组)、出口链路、应用类型、网站类型、文件类型、目标地址、时间段进行细致的带宽划分与分配，如保证领导视频会议的带宽而限制员工 P2P 的带宽，保证市场部访问行业网站的带宽而限制研发部访问新闻类网站的带宽，保证设计部传输 CAD 文件的带宽而限制营销部传输 RM 文件的带宽。精细智能的流量管理既可防止带宽滥用，又提升了带宽使用效率。

(2) P2P 的智能识别与灵活控制。

封 IP、端口等管控"带宽杀手"P2P 应用的方式极不彻底。加密 P2P、不常见 P2P、新 P2P 工具等让众多 P2P 管理手段束手无策。vNGAF 不仅识别和管控常用 P2P、加密 P2P，对不常见和未来将出现的 P2P 亦能管控。而完全封堵 P2P 可能实施困难，vNGAF 的 P2P 流控技术能限制指定用户的 P2P 所占用的带宽，既允许指定用户使用 P2P，又不会滥用带宽，充分满足管理的灵活性。

### 2. 强化的应用层攻击防护

#### 1) 基于应用的深度入侵防御

vNGAF 的灰度威胁关联分析引擎具备 4000 多条漏洞特征库、3000 多个 Web 应用威胁特征库，可以全面识别各种应用层和内容级别的单一安全威胁；另外，深信服凭借在应用层领域 10 年以上的技术积累，组建了专业的安全攻防团队，可以为用户定期提供最新的威胁特征库更新，以确保防御的及时性。图 12.5 为灰度威胁关联分析引擎的工作原理示意图。

(1) 威胁行为建模，在灰度威胁样本库中，形成木马行为库、SQL 攻击行为库、P2P 行为库、病毒蠕虫行为库等数十个大类行为样本，根据它们的风险性我们初始化一个行为权重，如异常流量为 0.32、病毒蠕虫为 0.36 等，同时拟定一个威胁阈值，如阈值为 1，其设置如图 12.6 所示。

(2) 用户行为经过单次解析引擎后，发现攻击行为，立即将相关信息，如 IP、用户、攻击行为等反馈给灰度威胁样本库。

(3) 在灰度威胁样本库中，针对单次解析引擎的反馈结果，如攻击行为、IP、用户等信息，不断归并和整理，形成了基于 IP、用户的攻击行为的表单。

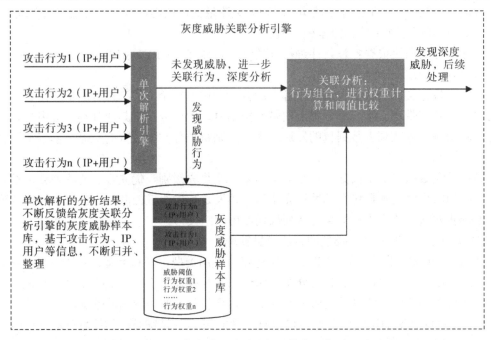

图 12.5　灰度威胁关联分析引擎的工作原理

(4) 基于已有威胁样本库，将特定用户的此次行为及样本库中的行为组合，进行权值计算和阈值比较，例如某用户的行为组权重之和为 1.24，超过了预设的阈值 1，我们会认定此类事件为威胁事件。

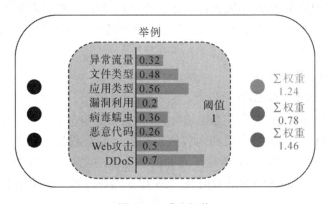

图 12.6　威胁阈值

由此可见，威胁关联分析引擎对丰富的灰度威胁样本库和权重的准确性提出了更高的要求，vNGAF 在以下两方面得以增强：

(1) 通过 vNGAF 抓包，客户可以记录未知流量并提交给深信服的威胁探针云，在云中心，深信服专家会对威胁反复测试，加快灰度威胁的更新速度，不断丰富灰度威胁样本。

(2) 深信服不断地循环验证和权重微调，形成了准确的权重知识库，为检测未知威胁奠定了基础。

2) 强化的 Web 攻击防护

vNGAF 能够有效防护 OWASP 组织提出的 10 大 Web 安全威胁的主要攻击，并于 2013

年 1 月获得了 OWASP 组织颁发的产品安全功能测试 4 星评级证书(最高评级为 5 星, 深信服 vNGAF 为国内同类产品评分最高者), 其主要功能有:

(1) 防 SQL 注入攻击。

SQL 注入攻击产生的原因是由于在开发 Web 应用时, 没有对用户输入数据的合法性进行判断, 使应用程序存在安全隐患。用户可以提交一段数据库查询代码, 根据程序返回的结果, 获得某些他想得知的数据, 这就是所谓的 SQL Injection, 即 SQL 注入。vNGAF 可以通过高效的 URL 过滤技术, 过滤 SQL 注入的关键信息, 从而有效地避免网站服务器受到 SQL 注入攻击。

(2) 防 XSS 跨站脚本攻击。

跨站攻击产生的原理是攻击者通过向 Web 页面里插入恶意 html 代码, 从而达到特殊目的。vNGAF 通过先进的数据包正则表达式匹配原理, 可以准确地过滤数据包中含有的跨站攻击的恶意代码, 从而保护用户的 Web 服务器安全。

(3) 防 CSRF 攻击。

CSRF 即跨站请求伪造, 从成因上与 XSS 漏洞完全相同, 不同之处在于利用的层次上, CSRF 是对 XSS 漏洞更高级的利用, 利用的核心在于通过 XSS 漏洞在用户浏览器上执行功能相对复杂的 JavaScript 脚本代码, 劫持用户浏览器访问存在 XSS 漏洞网站的会话, 攻击者可以与运行于用户浏览器中的脚本代码交互, 使攻击者以受攻击浏览器用户的权限执行恶意操作。vNGAF 通过先进的数据包正则表达式匹配原理, 可以准确地过滤数据包中含有的 CSRF 的攻击代码, 防止 Web 系统遭受跨站请求伪造攻击。

(4) 主动防御技术。

主动防御可以针对受保护主机接受的 URL 请求中带的参数变量类型以及变量长度按照设定的阈值进行自动学习, 学习完成后可以抵御各种变形攻击。另外还可以通过自定义参数规则来更精确地匹配合法 URL 参数, 提高攻击识别能力。

(5) 应用信息隐藏。

NGAF 对主要的服务器(Web 服务器、FTP 服务器、邮件服务器等)反馈信息进行了有效的隐藏。防止黑客利用服务器返回信息进行有针对性的攻击。如:

• HTTP 出错页面隐藏: 用于屏蔽 Web 服务器出错的页面, 防止 Web 服务器版本信息泄露、数据库版本信息泄露、网站绝对路径暴露, 应使用自定义页面返回。

• HTTP(S)响应报文头隐藏: 用于屏蔽 HTTP(S)响应报文头中特定的字段信息。

• FTP 信息隐藏: 用于隐藏通过正常 FTP 命令反馈出的 FTP 服务器信息, 防止黑客利用 FTP 软件版本信息采取有针对性的漏洞攻击。

(6) URL 防护。

Web 应用系统中通常会包含有系统管理员管理界面, 以便于管理员远程维护 Web 应用系统, 但是这种便利很可能会被黑客利用从而入侵应用系统。通过 vNGAF 提供的受限 URL 防护功能, 帮助用户选择特定 URL 的开放对象, 防止由于过多的信息暴露于公网而产生的安全威胁。

(7) 弱口令防护。

弱口令被视为众多认证类 Web 应用程序的普遍风险问题, vNGAF 通过对弱口令的检查，制定弱口令检查规则，控制弱口令广泛存在于 Web 应用程序中。同时通过时间锁定的设置防止黑客对 Web 系统口令的暴力破解。

(8) HTTP 异常检测。

通过对 HTTP 协议内容的单次解析，分析其内容字段中的异常，用户可以根据自身的 Web 业务系统来量身定制允许的 HTTP 头部请求方法，有效过滤其他非法请求信息。

① 文件上传过滤。由于 Web 应用系统在开发时并没有完善的安全控制，对上传至 Web 服务器的信息进行检查，从而导致 Web 服务器被植入病毒、木马，成为黑客利用的工具。vNGAF 通过严格控制上传文件类型，检查文件头的特征码，防止有安全隐患的文件上传至服务器。同时还能够结合病毒防护、插件过滤等功能检查上传文件的安全性，以达到保护 Web 服务器安全的目的。

② 用户登录权限防护。针对某些特定的敏感页面或者应用系统，如管理员登录页面等，为了防止黑客访问并不断地进行登录密码尝试，vNGAF 可以提供访问 URL 登录需进行短信认证的方式，提高访问的安全性。

(9) 缓冲区溢出检测。

缓冲区溢出攻击是利用缓冲区溢出漏洞所进行的攻击行动。可以利用它执行非授权指令，甚至可以取得系统特权，进而进行各种非法操作。vNGAF 通过对 URL 长度、POST 实体长度和 HTTP 头部内容长度检测来防御此类型的攻击。

### 3) 全面的终端安全保护

传统网络安全设备对于终端的安全保护仅限于病毒防护。事实上终端的安全不仅仅与病毒有关，很多用户在部署过防病毒软件之后，终端的安全事件依然频发，如何完整地保护终端成为众多用户关注的焦点。尤其是最近几年，互联网不断披露的一些安全事件都涉及到了一种新型、复杂、存在长期影响的攻击行为——僵尸网络。

僵尸网络是以窃取核心资料为目的，针对客户所发动的网络攻击和侵袭行为，是一种蓄谋已久的"恶意商业间谍威胁"。这种行为往往经过长期的经营与策划，并具备高度的隐蔽性。僵尸网络的攻击手法在于隐匿自己，针对特定对象，长期、有计划性和组织性地窃取数据，这种发生在数字空间的偷窃资料、搜集情报的行为，就是一种"网络间谍"的行为。

传统防毒墙和杀毒软件查杀病毒木马的效果有限，在僵尸网络场景下，因为无法解读数据的应用层内容以及木马的伪装技术从而使其逃逸杀毒软件的检测，传统防毒墙和杀毒软件形同虚设，因此需要一种全面的检测防护机制，用于发现和定位内部网络受病毒木马感染的机器。

(1) 僵尸网络检测。

vNGAF 的僵尸网络检测功能主要解决的问题是：针对内网 PC 感染了病毒、木马的机器，其病毒、木马试图与外部网络通信时，AF 识别出该流量，并根据用户策略进行阻断和记录日志，帮助客户能够定位出哪台 PC 中毒，并能阻断其网络流量，避免一些非法恶意数据进入客户端，起到更好的防护效果。

vNGAF 的僵尸网络检测功能主要由两部分检测内容来实现：

① 远控木马检测。在应用特征识别库当中存在一类木马控制的应用分类。这部分木马

具有较明显的网络恶意行为特征，且行为过程不经由 HTTP 协议交互，因此需通过专门的应用特征来进行识别，如灰鸽子、炽天使、冰河木马、网络守望者等等。此种类型的木马特征库会随着深信服应用识别规则库的更新而更新。

② 僵尸网络检测。僵尸网络检测主要是通过匹配内置的僵尸网络识别库来实现的。该特征库包含木马、广告软件、恶意软件、间谍软件、后门、蠕虫、漏洞、黑客工具、病毒等九大分类。特征库的数量目前已达数十万种，并且依然以每两周升级一次的速度进行更新。

除了僵尸网络攻击检测功能，深信服在终端安全防护方面还提供了基于漏洞和病毒特征的增强防护，确保终端的全面安全。

(2) 终端漏洞防护。

内网终端仍然存在漏洞被利用的问题，多数传统安全设备仅仅提供基于服务器的漏洞防护，对于终端漏洞的利用视而不见。vNGAF 同时提供基于终端的漏洞保护与防护功能，如：后门程序预防、协议脆弱性保护、exploit 保护、网络共享服务保护、shellcode 预防、间谍程序预防等基于终端的漏洞防护，有效防止了终端漏洞被利用而成为黑客攻击的跳板。

(3) 终端病毒防护。

vNGAF 提供基于终端的病毒防护功能，从源头对 HTTP、FTP、SMTP、POP3 等协议流量进行病毒查杀，亦可查杀压缩包(zip、rar、7z 等)中的病毒，内置百万级别病毒样本，确保查杀效果。

(4) 专业攻防研究团队确保 vNGAF 持续更新。

vNGAF 的统一威胁识别具备 4000 多条漏洞特征库、数十万条病毒、木马等恶意内容特征库、3000 多 Web 应用威胁特征库，可以全面识别各种应用层和内容级别的各种安全威胁。其漏洞特征库已通过国际最著名的安全漏洞库 CVE 严格的兼容性标准评审，获得 CVE 兼容性认证(CVE Compatible)。

深信服凭借在应用层领域 8 年以上的技术积累组建了专业的安全攻防团队，作为微软的 MAPP(Microsoft Active Protections Program)项目合作伙伴，可以在微软发布安全更新前获得漏洞信息，为客户提供更及时有效的保护，以确保防御的及时性。

4) 独特的双向内容检测技术

只提供基于应用层安全防护功能的方案，并不是一个完整的安全方案，对于服务器的保护传统解决方案通常是通过防火墙、IPS、AV、WAF 等设备的叠加来达到多个方面的安全防护效果。这种方式的功能模块分散，虽然能防护主流的攻击手段，但并不是真正意义上的统一防护。这既增加了成本，也增加了组网复杂度，提升了运维难度。从技术角度来说，一个黑客完整的攻击入侵过程包括了网络层和应用层、内容级别等多个层次方式方法，如果将这些威胁割裂开处理以进行防护，各种防护设备之间缺乏智能的联动，很容易出现"三不管"的灰色地带，出现防护真空。比如当年盛极一时的蠕虫"SQL Slammer"，在发送应用层攻击报文之前会发送大量的"正常报文"进行探测，即使 IPS 有效阻断了攻击报文，但是这些大量的"正常报文"造成了网络拥塞，反而意外地形成了 DoS 攻击，防火墙无法有效防护。双向内容检测技术如图 12.7 所示。

图 12.7　双向内容检测技术

因此，"具备完整的 L2～L7 的安全防护功能"是 Gartner 定义的"额外的防火墙智能"实现的前提，这样才能做到真正的内核级联动，为用户的业务系统提供一个真正的"铜墙铁壁"。其 L2～L7 完整安全防护如图 12.8 所示。

图 12.8　L2～L7 完整的安全防护功能

(1) 网关型网页防篡改。网页防篡改是 vNGAF 服务器防护中的一个子模块，其设计目的在于提供一种事后补偿防护手段，即使黑客绕过安全防御体系修改了网站内容，其修改的内容也不会发布到最终用户处，从而避免因网站内容被篡改给组织单位造成的形象被破坏、经济损失等问题。vNGAF 通过网关型的网页防篡改(对服务器"0"影响)，第一时间拦截网页篡改的信息并通知管理员确认。同时对外提供篡改重定向功能，提供正常界面、友好界面、Web 备份服务器的重定向，保证用户仍可正常访问网站。vNGAF 网站篡改防护功能使用网关实现动静态网页防篡改功能。这种实现方式相对于主机部署类防篡改软件而言，客户无需在服务器上安装第三方软件，易于使用和维护，在防篡改部分基于网络字节流的检测与恢复，对服务器性能没有影响。

(2) 可定义的敏感信息防泄漏。vNGAF 提供可定义的敏感信息防泄漏功能，根据储存的数据内容可根据其特征清晰定义，通过短信、邮件报警及阻断连接请求的方式防止大量的敏感信息被窃取。深信服敏感信息防泄漏解决方案可以自定义多种敏感信息内容并进行有效识别、报警与阻断，防止大量敏感信息被非法泄露(如用户信息/邮箱账户信息/MD5 加密密码/银行卡号/身份证号码/社保账号/信用卡号/手机号码……)。

(3) 应用协议内容隐藏。vNGAF 可针对主要的服务器(Web 服务器、FTP 服务器、邮件服务器等)反馈信息进行有效的隐藏。防止黑客利用服务器返回信息进行有针对性的攻击。如 HTTP 出错页面隐藏、响应报头隐藏、FTP 信息隐藏等。

5) 智能的网络安全防御体系

NGAF 下一代防火墙 L2~L7 防御体系结构如图 12.9 所示。

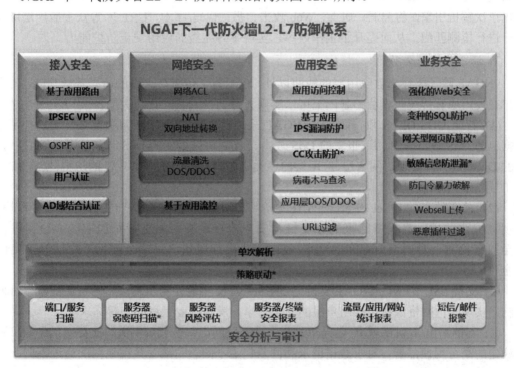

图 12.9　防御体系

(1) 风险评估与策略联动。vNGAF 基于时间周期的安全防护设计提供事前风险评估及策略联动的功能。通过端口、服务、应用扫描帮助用户及时发现端口、服务及漏洞风险，并通过模块间的智能策略联动及时更新对应的安全风险的安全防护策略。帮助用户快速诊断电子商务平台中各个节点的安全漏洞问题，并做出有针对性的防护策略。

vNGAF 通过对内网服务器的数据流进行检测，主动发现内网服务器存在的漏洞，并通过分析漏洞问题对用户进行告警，以便提供有效的漏洞解决办法，帮助用户及时发现解决服务器的漏洞，防止后续可能出现的被攻击的风险。

(2) 智能的防护模块联动。智能的主动防御技术可实现 vNGAF 内部各个模块之间智能的策略联动, 如一个 IP/用户持续向内网服务器发起各类攻击, 则可通过防火墙策略暂时阻断 IP/用户。智能防护体系的建立可有效地防止工具型、自动化的黑客攻击, 提高攻击成本, 可抑制僵尸网络攻击的发生, 同时也使得管理员维护变得更为简单, 可实现无网管的自动化安全管理。

(3) 智能建模及主动防御。vNGAF 提供智能的自主学习以及自动建模技术, 通过匹配防护 URL 中的参数, 学习参数的类型和一般长度, 当学习次数累积达到预设定的阈值时, 则会加入到白名单列表, 后续过来的请求只要符合该白名单规则则放行, 不符合则阻断。可实现网络的智能管理, 简化运维。

6) 更高效的应用层处理能力

为了实现强劲的应用层处理能力, vNGAF 抛弃了传统防火墙 NP、ASIC 等适合执行网络层重复计算工作的硬件设计, 采用了更加适合应用层灵活计算能力的多核并行处理技术; 在系统架构上, vNGAF 也放弃了 UTM 多引擎、多次解析的架构, 而采用了更为先进的一体化单次解析引擎, 将漏洞、病毒、Web 攻击、恶意代码/脚本、URL 库等众多应用层威胁统一进行检测匹配, 从而提升了工作效率, 实现了万兆级的应用安全防护能力。

7) 涵盖传统安全功能

vNGAF 除了关注来自应用层的威胁以外, 也涵盖了传统防火墙的所有基础功能, 使得客户在使用原有传统防火墙的基础上可以实现无缝切换到新一代防火墙。

(1) 智能 DOS/DDoS 攻击防护。vNGAF 采用自主研发的 DoS 攻击算法, 可防护基于数据包的 DoS 攻击、IP 协议报文的 DoS 攻击、TCP 协议报文的 DoS 攻击、基于 HTTP 协议的 DoS 攻击等, 实现对网络层、应用层的各类资源耗尽的拒绝服务攻击的防护, 实现 L2~L7 的异常流量清洗。

(2) 融合领先的 IPSecVPN。vNGAF 融合了国内市场占有率第一的 IPSec VPN 模块, 实现高安全防护、高投资回报的分支机构安全建设目标, 并支持对加密隧道数据进行安全攻击检测, 对通道内存在的 IPS 攻击威胁进行流量清洗, 全面提升广域网隔离的安全性。

(3) 支持 SSL VPN。vNGAF 支持通过 SSL VPN 实现外网用户对内网资源的安全访问控制, 实现了内网资源在合法用户组的安全共享, 满足企业远程办公等需求。

(4) 支持路由/双机部署方式。vNGAF 支持互联网出口做代理网关, 支持双机做保障业务稳定的高可用性部署, 对于数据请求和回复包走不同路由或者数据包两次通过不同接口穿过设备的非对称路由部署环境, vNGAF 也能灵活支持。

## 12.2.3　vNGAF 产品技术优势

### 1. 深度内容解析

vNGAF 的灰度威胁识别技术不但可以将数据包还原的内容级别进行全面的威胁检测, 而且还可以针对黑客入侵过程中使用的不同攻击方法进行关联分析, 从而精确定位出一个黑客的攻击行为, 有效阻断威胁风险的发生。灰度威胁识别技术改变了传统 IPS 等设备防御威胁种类单一, 威胁检测经常出现漏报、误报的问题, 可以帮助用户最大程度地减少风险短板的出现, 保证业务系统稳定运行。

## 2. 双向内容检测

深信服的双向内容检测技术，主要是针对攻击事件发生前的预防以及攻击事件发生后的检测补救措施，通过对服务器发起的请求以及服务器的回复包进行双向内容检测，使得敏感数据信息不被外发，黑客达不到攻击的最终目的。

## 3. 分离平面设计

分离平面设计和内容检测平面如图 12.10 和图 12.11 所示。

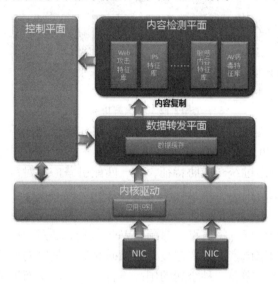

图 12.10　分离平面设计

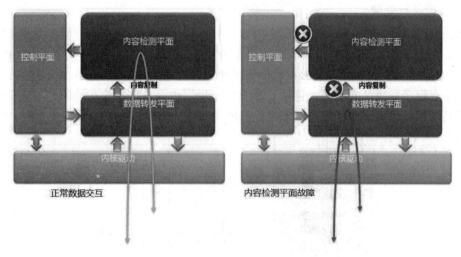

图 12.11　内容检测平面

vNGAF 通过软件设计将网络层和应用层的数据处理相分离，在底层通过以应用识别模块为基础，对所有网卡接收到的数据进行识别，再通过抓包驱动把需要处理的应用数据报文抓取到应用层，如果应用层发生数据处理失败的情况，也不会影响到网络层数据的转发，从而实现数据报文的高效、可靠处理。

#### 4. 单次解析架构

单次解析架构如图 12.12 所示。

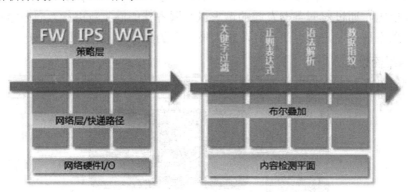

图 12.12　单次解析架构

要进行应用层威胁过滤，就必须将数据报文重组才能检测，而报文重组、特征检测都会极大地消耗内存和 CPU，因而 UTM 的多引擎、多次解析架构工作效率低下。于是，vNGAF 所采用的单次解析引擎通过统一威胁特征、统一匹配引擎，针对每个数据包做到了只有一次报文重组和特征匹配，消除了重复性工作对内存和资源的占用，从而系统的工作效率提高了 70%~80%。但这种技术的一个关键要素就是统一特征库，这项技术的难度在于需要找到一种全新的"特征语言"将病毒、漏洞、Web 入侵、恶意代码等威胁进行统一描述，这就好比是八个不同国家语言的人要想彼此无障碍交流，最笨的办法是学会七种语言，但这样明显不可行；因此，需要一种全新的国际语言来完成，从而提高可行性，同时降低了工程的复杂度。

#### 5. 多核并行处理

现在 CPU 核越来越多，从双核到 4 核，再从 4 核到 8 核、16 核，现在已有 128 核的 CPU 了。这样来看，如果 1 个核能够做到 1 个 GB，那么 16 个核不就能够超过 10 个 GB 了吗?但是通常设备性能并不能够根据核的增加而迅速增加。因为虽然各个核物理上是独立的，但是有很多资源是共享的，包括 CPU 的 Cache、内存，这些核在访问共享资源的时候是要等其他核释放资源的，因此很多工作只能串行完成。多核并行处理如图 12.13 所示。

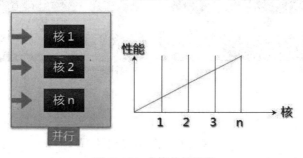

图 12.13　多核并行处理

同时 vNGAF 的多核并行处理技术进行了大量的优化工作——减少临界资源的访问，除了在软件处理流程的设计上尽量减少临界资源以及临界资源的访问周期，还需要充分利用读写锁、原子操作、内存镜像等机制来提高临界资源的访问效率。

### 6. 智能联动技术

智能联动的本义是指通过各个系统协调运作使系统集成实现数据上的共享，便于统一分析处理，成功实现多个系统之间的协同工作，使得各个子系统之间进行智能联动成为可能，更大地发挥了单个子系统的作用，真正使多个子系统结合成一个有机整体。深信服的智能联动技术正是基于此原理，将防火墙技术、入侵检测(IPS)、Web 应用防护系统(WAF)功能进行组合，动态生成防火墙规则，发挥更大的防护作用。其智能联动技术原理如图 12.14所示。

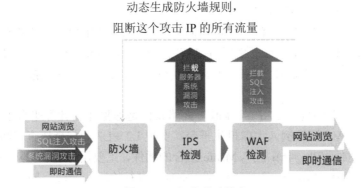

图 12.14　智能联动技术

### 7. Regex 正则引擎

vNGAF 使用正则表达式对流量的内容进行匹配，正则表达式是一种识别特定模式数据的方法，可以精确识别网络中的攻击。但经我们研究分析，业界已有的正则表达式匹配方法，其速度一般比较慢，制约了 AF 设备整机速度的提高。为此，深信服设计并实现了全新的 Sangfor Regex 正则引擎，把正则表达式的匹配速度提高到数十 Gb/s，比 PCRE 和 Google 的 RE2 等知名引擎快数十倍，达到业界领先水平。

整体而言，Sangfor Regex 大幅降低了 CPU 占用率，提高 AF 的整机吞吐，从而更高速地处理客户业务数据。这项技术尤其适合对每秒吞吐量要求非常高的场合，如运营商、电商等。

## 12.3　深信服 vNGAF 部署与管理

深信服虚拟防火墙 vNGAF 产品是专为虚拟化平台网络安全而设计的，不需要依赖专用的硬件，可以以软件镜像的方式，完美支持在 VMware、KVM、XEN 等服务器虚拟化环境下的部署。虚拟化软件设备支持路由、单臂等部署方式，针对不同租户开启一个对应的虚拟机镜像，通过集中管理平台开通虚拟设备授权，然后配置 vSwitch 连通网络，只需数分钟即可为不同租户提供各种增值网络服务。

### 12.3.1　vNGAF 支持多种虚拟化平台

vNGAF 支持在多种虚拟化云平台环境提供安全服务，可以以虚机的方式智能融合到

Vmware/KVM/XEN 等虚拟化平台，提供对这些平台上全面的网络安全保护，并支持虚拟机克隆、漂移等功能，满足 OpenStack 等云管理平台的统一管理要求；vNGAF 支持在公有云平台的在线使用，阿里云和亚马逊云上的租户可以在线选配深信服 vNGAF 服务，实现云中业务二层到七层全面专业的安全保障。

### 1. vNGAF 产品所含五大组件

(1) 授权中心(VLS)：深信服虚拟防火墙授权中心提供了对所有购买的软件防火墙防护资源的集中授权服务，需要和授权 KEY 配合使用，从而实现对资源的读取和分配，该中心以虚拟主机 OVA 模板提供给客户。

(2) 授权 KEY(USB KEY)：深信服虚拟防火墙授权 KEY 中存储了所购买的防护资源的授权信息，授权信息由深信服统一颁发并具有唯一性，能够被授权中心读取使用。

(3) 集中管理平台(vNGAF vCenter)：集中管理平台实现对全网虚拟化软件防火墙的集中统一运维管理。

(4) 虚拟防火墙软件(vNGAF)：虚拟防火墙软件是虚拟化云计算平台上安全防护的实体，以虚拟主机 OVA 模板倒入大虚拟化平台，实现 L2～L7 的安全核查和防护。

(5) vNGAF 插件(Plug-in)：与 VMsafe 结合的插件，主要用作和 VMware 的 VMsafe 接口实现联动，实现从 VMware 底层引流到 vNGAF 进行检测和清洗，同时实现干净流量的回注。

### 2. vNGAF 产品优势

(1) 虚拟网络安全区域划分。利用 vNGAF 可以在虚拟化网络内部定义清晰的区域和边界，设置不同的安全等级，制定严格的访问控制策略，防止虚拟网络内部不同区域之间的越权访问。

(2) 安全策略动态跟随迁移。vNGAF 以虚拟机的形式存在于虚拟化云平台中，支持 vCenter 和 vmotion 的监管，满足在虚拟化平台内动态部署和迁移，无论是 vNGAF 自身或者被保护的 VM 出现漂移，安全策略都能实时跟随并保障业务畅通，极大地满足虚拟网络的安全和可靠性要求。

(3) 全面可视的应用层安全。在虚拟化环境应用只与虚拟层交互，而与真正的硬件隔离，导致应用层的安全威胁缺乏监管而泛滥。vNGAF 提供全面、专业、可视的应用层安全识别和防护能力，有效识别针对虚拟平台业务应用的安全威胁，并及时清除风险内容。

(4) 防止虚拟机之间横向攻击。虚拟机之间的通信可能直接在虚拟平台内部完成，这也导致了云数据中心的安全设备无法感知虚拟机之间的相互攻击。vNGAF 可以制定不同虚拟机区域(甚至细化到某台虚拟机)的安全防护策略，有效防御虚拟机之间的安全风险向横向扩散。

(5) 防范南北向安全风险。出口安全设备提供了全局安全策略，但可能无法针对某些虚拟机或区域做到很细，来自互联网的安全风险依然严峻，对于云租户来说，更需要对自身业务系统的安全负责。vNGAF 具备二层到七层全面的安全功能，包括防火墙、WAF、IPS、防病毒、僵尸识别、漏洞识别等功能，有效防止外部网络的安全风险向内部渗透，同时避免虚拟机上的安全风险向外蔓延。

(6) 实时漏洞检测防御。云平台业务系统不断更新、新的业务持续上线，都会引入新的安全风险，而这些风险若不能及时发现和加固的话，极有可能会被黑客利用从而成功入侵系统。vNGAF 提供了实时漏洞检测功能，可以快速识别 Hypervisor 平台和虚拟机业务系统的 0DAY 漏洞，及时防御黑客利用 0DAY 漏洞的入侵行为，通过虚拟补丁的方式，避免了正常打补丁对业务正常运行的影响。

(7) 支持多种虚拟云端环境。vNGAF 支持集成在 VMware、KVM、XEN 等多种虚拟化平台来提供安全服务，支持由 Openstack 的统一管理，并满足在阿里云、亚马逊云等公有云平台在线应用。

(8) 灵活适配安全防护需求。vNGAF 满足云数据中心用户按需选配安全服务，可以跟随业务发展的需求而灵活扩展，帮助用户最大程度节省安全建设的初始投资，并满足用户个性化安全防护和运维的需求。

## 12.3.2　vNGAF 授权服务器部署与配置

vNGAF 支持部署在 VMware ESXi 5.1，5.5，6.0 的虚拟环境中。vNGAF 提供一个可在 VMware 部署的 OVA 模板，可部署到 VMware 虚拟环境中。

部署 vNGAF 需要配合部署深信服授权服务器的虚拟主机(同样以 OVA 模板提供)，授权服务器使用 USB KEY 给 vNGAF 进行安全防护功能的授权。

授权服务器主要解决对虚拟化产品进行合法运行的授权方案，解决设备虚拟化后容易被盗版的问题。

### 1. 部署授权服务器

1) 获取 USB KEY

联系储运接口人杨汉平获取 USB KEY 硬件及序列号；把授权服务器的 USB KEY 插入到需要部署授权服务器的 VMware 物理主机的 USB 接口上。

2) 获取授权服务器(VLS)和虚拟防火墙(vNGAF)的 OVA 模板

获取授权服务器(VLS)和虚拟防火墙(vNGAF)的 OVA 模板，可以从公司官网或其他渠道获取。

(1) 从公司服务器获取授权服务器(VLS)和虚拟防火墙(vNGAF)的 OVA 模板如图 12.15 所示。

图 12.15　下载 VLS

vNGAF 的链接地址如下：

➤ http://download.sangfor.com.cn/download/product/vm_VLS/VLS2.0_for_VMware%2820150701%29.ova

➤ http://download.sangfor.com.cn/download/product/vm_af/AF6.1_R1_FOR_VMware%2820150624%29.ova

VLS2.0SP1 模板下载链接：

➢ http://download.sangfor.com.cn/download/product/vm_VLS/VLS2.0_SP1_for_VMware
%2820150811%29.ova

3) 导入授权服务器的 OVA 模板

通过 VMware 管理平台 vSphere Client(当前支持 esxi5.1-6.0 版本)的【部署 OVF 模板】，
打开部署向导，如图 12.16 和图 12.17 所示。

图 12.16　打开部署向导

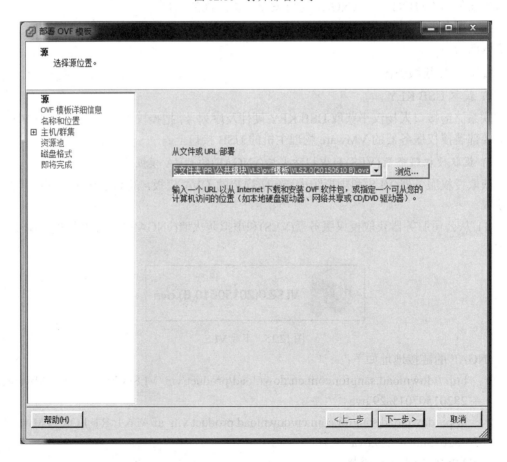

图 12.17　选择授权服务器(VLS)

　　根据向导点击【下一步】，使用默认配置。向导完成后，弹出导入进度框，如图 12.18 所示。

图 12.18　部署进度框

等待部署完成后，可看到虚拟机 vNGAF，如图 12.19 所示。

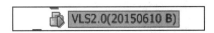

图 12.19　虚拟机 vNGAF

4) 确认当前 ESXi 主机的时间与实际系统时间吻合

　　确定当前 ESXi 主机的时间与实际系统时间是吻合的，在这里强调一下这一步骤是不能省略的，操作界面如图 12.20 所示。

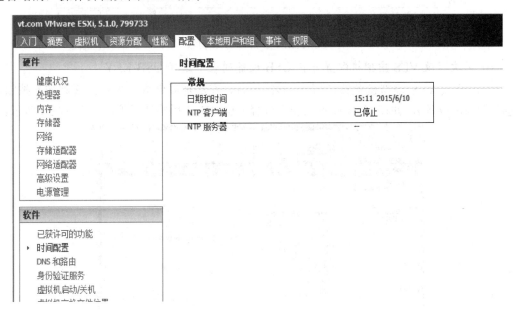

图 12.20　确定 EXSi 主机与系统时间吻合

5) 在 EXSi 主机上插入 VLS 的 USB-KEY

　　在 EXSi 主机上插图 VLS 的 USB-KEY，在 vSphere Client 中选择导入的 VLS 虚拟机，选择【编辑虚拟机配置】，如图 12.21 所示，新增 USB 控制器，在添加硬件界面中，点击

【添加】按钮，选择【USB 控制器】，如图 12.22 所示。

图 12.21　选择编辑虚拟机配置

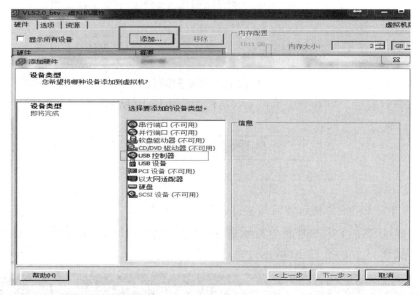

图 12.22　添加 USB 控制器

6) 再次修改 VLS 虚拟机配置并在 USB 设备列表中选择 USB-KEY

再次修改 VLS 虚拟机配置，新增 USB 设备，在添加硬件界面中点击【添加】按钮，选择【USB 设备】，并在 USB 设备列表中选择 USB-KEY 后确认新增，如图 12.23 所示。

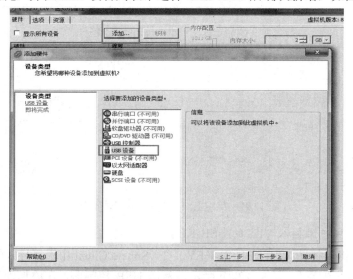

图 12.23　添加 USB 设备

7) 配置授权服务器的 IP 地址

首先启动授权服务器，如图 12.24 所示。

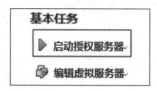

图 12.24　启动授权服务器

打开授权服务器控制台，如图 12.25 所示。

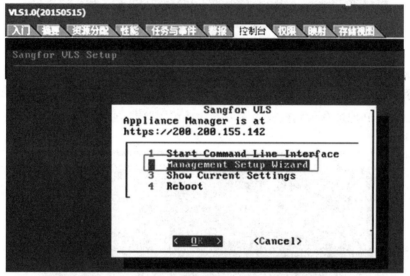

图 12.25　打开授权服务器控制台

通过选择【Management Setup Wizard】进入，如图 12.26 所示，并选择【Specify A static IP address】，进行静态 IP 地址的配置。如图 12.26 和图 12.27 所示。

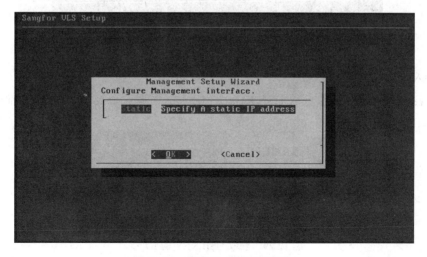

图 12.26　静态 IP 地址的配置(1)

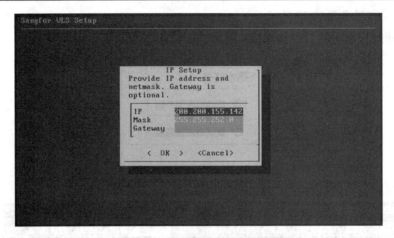

图 12.27　静态 IP 地址的配置(2)

## 2. 授权服务器的配置

### 1) 登录授权服务器

通过配置的 IP 地址登录到授权的服务器，通过浏览器访问：https://xxx.xxx.xxx.xxx/，如图 12.28 所示。

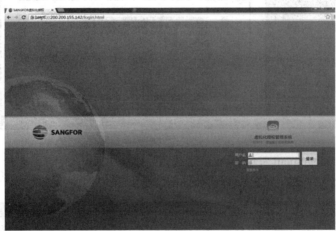

图 12.28　登录授权服务器

### 2) 导入授权序列号

步骤 1：从【授权管理】获取 USB KEY 的 ID 号，根据这个 ID 从授权管理部门获取授权序列号。如图 12.29 所示。

图 12.29　获取 USB KEY 的 ID 号

步骤 2：将获取的序列号导入授权服务器。点击【导入序列号】，将序列号粘贴并点击

【提交】按钮，如图 12.30 所示，此时会弹出【序列号对比】窗口，如图 12.31 所示。

图 12.30　导入序列号

图 12.31　序列号对比

图 12.31 中，左边一列是新导入的序列号资源，右边是旧的序列号资源，有差异部分会用红色字体标记。首次导入序列号时右边部分为空。

步骤 3：点击【提交】，导入序列号资源成功，如图 12.32 所示。

图 12.32　导入序列号成功

3) 添加 vNGAF 设备

步骤 1：在【授权界面】中点击【添加设备】，弹出添加授权设备对话框，如图 12.33

所示。设置新增设备的信息，如下所示：

【产品类型】 选择 NGAF。

【设备类型】 前面提到过，vNGAF 只支持 1 核 CPU　2GB 内存、2 核 CPU　4GB 内存、4 核 CPU　8GB 内存、8 核 CPU　16GB 内存这四种类型。结合前面导入的 vNGAF 是 2 核 CPU 4G 内存，所以这里选择【标准设备】。

【设备名称】 填写设备名称。

【IP 地址】 填写需要授权的 vNGAF 的 IP 地址：200.200.154.142。这里强烈建议客户使用 vNGAF 的管理 IP 进行授权。

【端口号】 默认为 443 和 4430，若 vNGAF 上没有修改过控制台(Web UI)的端口，则这里保持默认值即可。

【授权资源】 填写需要授权给该设备的资源。授权完成后，"可用授权"数会相应减少。

确认无误后，点击【提交】，则授权服务器会立刻向客户端发送授权信息。

填写授权设备信息如图 12.33 所示。

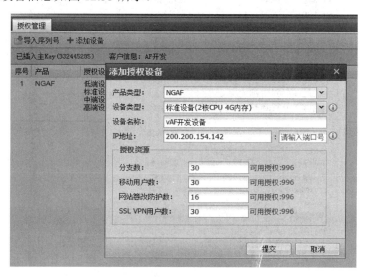

图 12.33　填写授权设备信息

 注意

请确保授权服务器和 vNGAF 在网络上是相通的，否则授权将失败。

步骤 2：授权成功后，点击【查看】可看到该设备已正确授权的信息，如图 12.34 所示。

| 设备名称 | IF地址 | 设备类型 | 资源配置 | 在线状态 | 授权状态 | 授权时间 | 操作 |
|---|---|---|---|---|---|---|---|
| vAF开发设备 | 200.200.154.142 | 标准设备(... | 分支数:4,移动用户... | 在线 | 已授权(资源匹配) | 2015-06-1... | 删除设备 |

图 12.34　查看授权成功的设备

注意

若给该设备授权的是低端设备(1 核 CPU 2GB 内存)，则会授权失败，如图 12.35 所示。

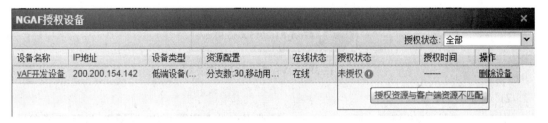

图 12.35　授权失败

若给该设备授权的是中高端设备，则提示授权成功，但资源不匹配。此时并不影响 vNGAF 的正常功能，只是存在授权资源浪费的情况，如图 12.36 所示。

| 设备名称 | IP地址 | 设备类型 | 资源配置 | 在线状态 | 授权状态 | 授权时间 | 操作 |
|---|---|---|---|---|---|---|---|
| vAF开发设备 | 200.200.154.142 | 中端设备(... | 分支数:4,移动用户... | 在线 | 已授权(资源不匹配) | 2015-06-1... | 删除设备 |

图 12.36　资源不匹配

点击【删除设备】，vNGAF 会立即进入初始化状态。

点击【设备名称】，可对设备资源进行编辑，点击【提交】按钮，编辑后的资源会立即发送给 vNGAF，如图 12.37 所示。

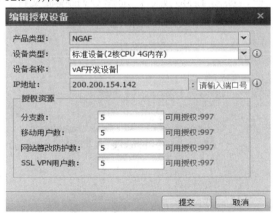

图 12.37　编辑授权设备

## 12.3.3　vNGAF 部署配置

### 1. vNGAF 的部署

通过部署开放式虚拟化格式 OVF(Open Virtualization Format)模板，选择本地开放式虚拟化设备 OVA (Open Virtualization Appliance)模板文件，接着按向导提示步骤生成虚拟机。
具体操作过程如下：

1) 获取 vNGAF 的 OVA 模板

从公司官网或其他渠道获取 vNGAF 的 OVA 模板(当前版本是 AF6.1R1)，如图 12.38
所示。

图 12.38　OVA 模板 AF6.1R1

2) 部署 OVA 模板

步骤 1：部署 OVF 模板。通过 VMware 管理平台的【部署 OVF 模板】，打开部署向导，
如图 12.39 所示。

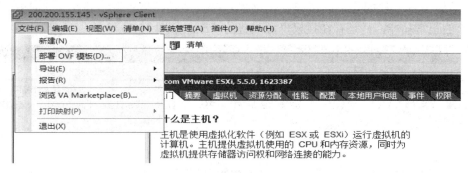

图 12.39　部署 OVF 模板

步骤 2：选择 OVF 模板文件。在【从文件或 URL 部署】中点击【浏览】按钮，选择
本地 vNGAF 的 OVF 模板，如图 12.40 所示。选择 OVF 模板文件。然后点击【下一步】，
从部署的信息中可以看到 vNGAF 相关的产品信息，如图 12.41 所示。

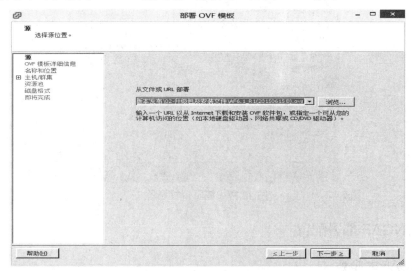

图 12.40　选择 OVF 文件

图 12.41　查看 vNGAF 相关的产品信息

步骤 3：接下来，根据向导选择下一步的操作，在这个过程中使用默认配置即可。设置完成后，弹出导入进度框，如图 12.42 所示。

图 12.42　进度框

步骤 4：完成部署。等部署完成后，可看到虚拟机 vNGAF(AF6.1_R1)，如图 12.43 所示。

图 12.43　部署完成后生成的虚拟机

3) 配置 vNGAF

通过 vSpere Client 客户端登录到服务器，选择前面新建好的虚拟机(AF6.1-R1)，点击【编辑虚拟机设置】，在弹出框中可修改 vNGAF 的硬件配置，如 CPU、内存、网卡数量等的设置，如图 12.44 所示。

图 12.44　编辑虚拟机设置

 **注意**

当前 vNGAF 虚拟机 的 CPU 和内存仅支持（1C，2GB），（2C，4GB），（4C，8GB）和（8C，16GB)共四种配置。用户可在上面几种配置中进行调整，不在此配置的 vNGAF 授权服务器将无法授权，设备将无法正常使用。

配置完成后，启动虚拟机。开机完成后，打开控制台，如图 12.45 所示。这个控制台界面主要用于配置 vNGAF 管理 IP，同时也防止虚拟环境下有多台 vNGAF 时发生 IP 冲突。默认情况下，管理 IP 与物理 AF 一样，都是 10.251.251.251。

选择图 12.45 中的【Start Command Line Interface】选项，则进入命令行界面。此界面主要提供了网线配置相关的命令工具集，如图 12.46 所示。

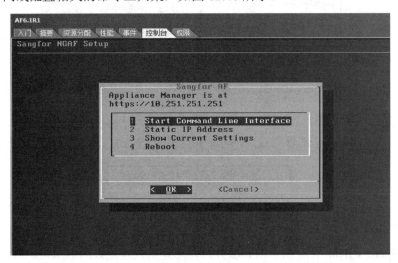

图 12.45　控制台

[Sangfor-vcmd-AF6.1.29 R1 B Build20150610]$ h
Usage:
```
    help : h : ?        Show a list of commands that you can use.
    ping                Ping Test connectivity between the local device
                        and a remote device.  Same as the ping command
                        of Linux.
    traceroute          View the path through which this device can
                        connect to other networks.Same as the tracerout
                        command of Linux.
    ip                  View and Set system network,Same as the ip
                        command of Linux.
    route               View system routing table the linux,
                        Same as the route command of Linux.
    arp                 View device ARP table.
    ethtool             View the network interface,Same as the ethtool
                        command of Linux.
    clear               Clear the contents on the screen.
    exit                Return to graphical interface.
[Sangfor-vcmd-AF6.1.29 R1 B Build20150610]$ _
```

图 12.46　【Start Command Line Interface】命令行页面

选择【Static IP Address】，则进入配置管理 IP 界面。此界面默认针对 eth0 口进行 IP、Mask、GeteWay 等信息配置。如图 12.47 所示，配置的 IP 为：200.200.154.142、掩码为 22、网关为：200.200.155.254，网关配置相当于增加了一条默认路由。

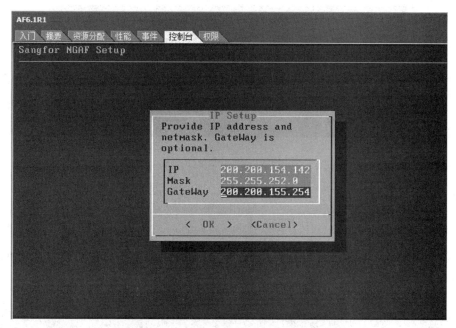

图 12.47　选择【Static IP Address】后的界面

配置 IP 成功后，有提示信息，点击【OK】即可，如图 12.48 所示。

图 12.48　点击【OK】确认框

选择【Show Current Settings】，会弹出信息框，如图 12.49 所示。里面包括当前配置的管理口、管理口 MAC 地址、管理 IP 地址、掩码、网关等基本信息。

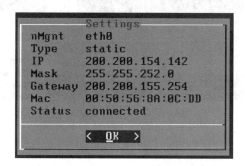

图 12.49　【Show Current Settings】信息框

通过按 Ctrl + Alt + F1 组合键,切换回原始的命令行界面以进入后台,如图 12.50 所示。

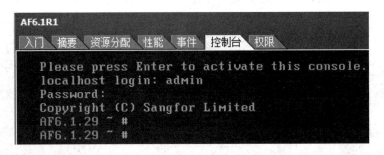

图 12.50　返回命令行界面

### 12.3.4　vNGAF 的管理

#### 1. 登录 vNGAF

登录 vNGAF,通过之前配置的管理 IP 地址使用浏览器访问进行登录(https://xxx. xxx.xxx.xxx/),如图 12.51 所示。

图 12.51　登录 vNGAF 管理系统

#### 2. 配置管理与授权

第一次登录 vNGAF,如果 vNGAF 没有获取授权,此时网络业务是中断的,进入了初始化状态,会有提示信息。如图 12.52 所示。

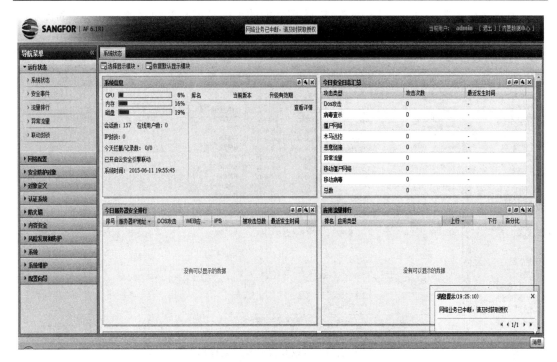

图 12.52　无授权时的提示信息

 注意

如果 vNGAF 没有获取授权，则需要获取授权才能继续使用 vNGAF。获取授权需要在授权服务器上操作。

获取授权后，所有 vNGAF 的前端控制台都需要重新登录，重新登录控制台后，发现 vNGAF 已正确获取授权，进入授权状态，如图 12.53 所示。授权状态时 vNGAF 的使用与物理 AF 一致，这里不再赘述。

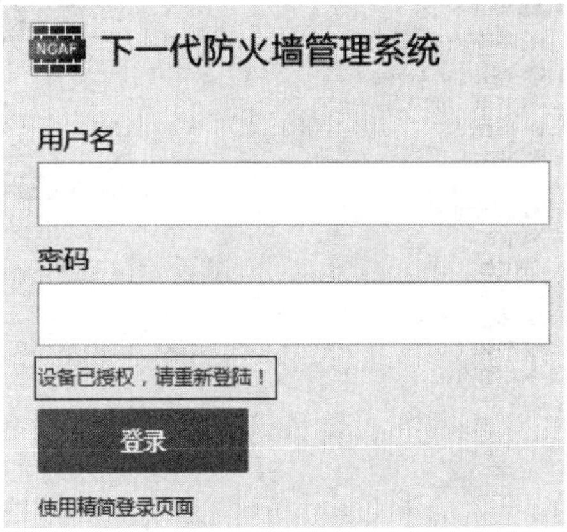

图 12.53　设备授权需重新登录

授权之后，重新登录，在 vNGAF 管理界面的上端有授权客户和授权有效期的提示，如图 12.54 所示。

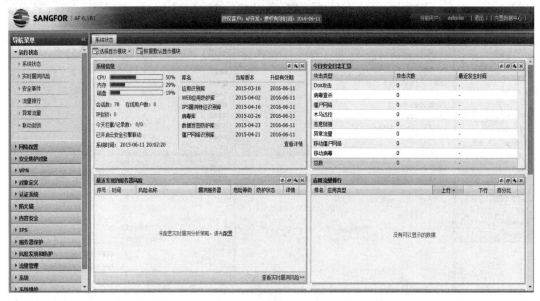

图 12.54　授权和授权有效期提示

查看【系统】/【系统配置】/【授权信息】页面，该页面是只读页面。授权的资源不可在此处编辑(可在授权服务器上编辑)，如图 12.55 所示。

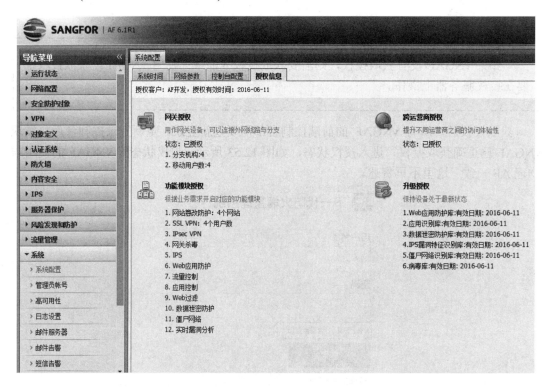

图 12.55　授权信息页面

若因为某种原因(如网络不可达等)24 小时未收到授权服务器的心跳信息，此时 vNGAF 从授权切换到非法状态，如图 12.56 所示。

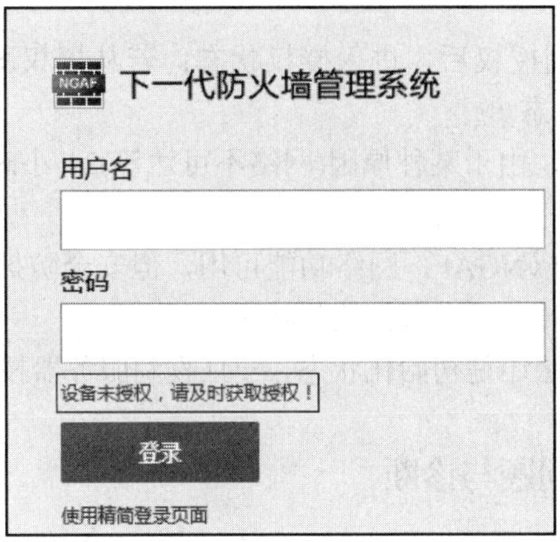

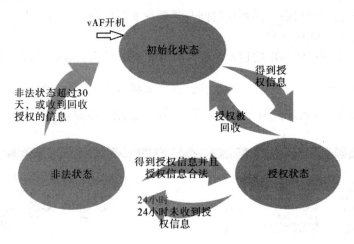

图 12.56  非法状态

## 12.3.5  vNGAF 授权特别说明

授权状态这一点十分重要，要能分辨出不同状态时 vNGAF 的表现以便进行不同支出，以及不同情况进行状态的切换。vNGAF 的授权状态是围绕表 12-1 和图 12.57 的条件进行转换的。

### 表 12-1  授 权 状 态

| 功　　能 | 初始化状态(未授权) | 非法状态(未授权) | 授权状态 |
| --- | --- | --- | --- |
| 网络功能(接口、NAT 等) | 可配 | 可配 | 可配 |
| 安全功能(IPS、UTM 等) | 不可用(UI 隐藏) | 不可用(UI 隐藏) | 可用 |
| 数据转发 | 否 | 是 | 是 |

图 12.57  状态的转换

状态的详细说明：

· vNGAF 首次开机后默认进入初始化状态，此时接口和 IP 可配置，但数据不转发，原因处于断网状态。

· 从授权服务器得到授权后，进入授权状态；若从授权服务器回收(删除)授权，则 vNGAF 再次进入初始化状态。

· 已授权的 vNGAF，由于某种原因(网络不可达等)24 小时内未收到授权服务器的心跳信息，则进入非法状态。

· 对处于非法状态的 vNGAF，网络功能可用，但安全防护功能不再可用。若连续 30 天未获得授权，数据不再转发，进入初始化状态。

· 无论 vNGAF 是非法还是初始化状态，一旦收到服务器授权信息，则进入授权状态。

## 12.3.6　vNGAF 常见问题与诊断

### 1. VLS 常见问题与诊断

问题 1：导入序列号后，提示系统时间不正确。

【问题现象】 错误提示"错误：导入序列号时系统时间不正确"，如图 12.58 所示。

图 12.58　导入序列号时系统时间不正确的提示框

【解决方法】

方法一：请检查授权服务的系统时间与当前现实时间是否一致，若不一致请后台修改系统时间后，重新导入序列号。

方法二：如系统时间与现实相差几秒，等待 1 分钟后重新导入就可以了。

问题 2：导入序列号后提示服务/软件过期，或提示序列号已过期。

【问题现象】 导入序列号后，提示服务/软件过期，或提示序列号过期，如图 12.59 和图 12.60 所示。

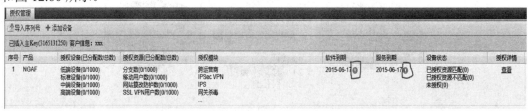

图 12.59　软件过早提示过期

提示信息
错误：非法序列号,序列号已过期
关闭

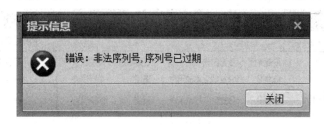

图 12.60　序列号过期提示

【解决方法】

方法一：请确保 VM 虚拟机的时间、授权服务器的时间是否与现实时间无差异。

方法二：确保时间无差异后，请向负责重置序列号的权限人申请重置序列号(重置 key 时间)。

方法三：根据重置序列号的操作方式重置后，请检查问题是否解决，如未解决，请通知研发部门。

问题 3：导入序列号后，提示序列号的资源数量不足。

【问题现象】 序列号的资源数量不足，提示如图 12.61 所示。

提示信息
错误：序列号中的资源数量不足
关闭

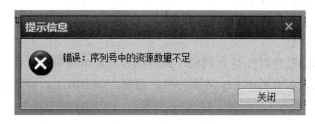

图 12.61　序列号资源数量不足

【解决方法】

方法一：导入序列号后，在序列号对比页面中，新序列号和旧序列号对比，请检查新授权设备。

方法二：新导入的序列号资源信息必须大于服务器已新增的资源信息。新导入序列号资源信息已大于等于已分配的资源时窗口如图 12.62 所示。

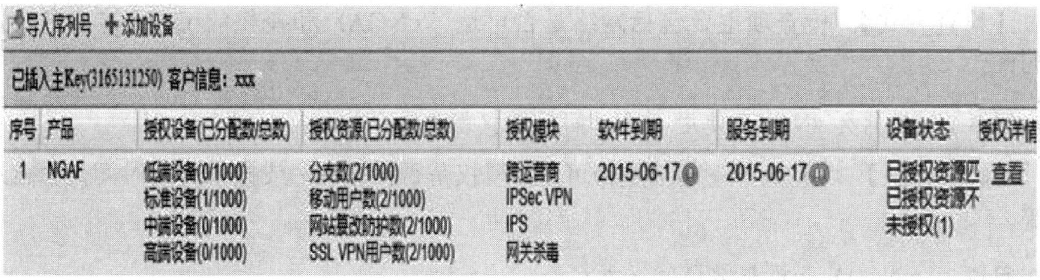

导入序列号
添加设备
已插入主Key(3165131250) 客户信息: xxx
序号
产品
授权设备(已分配数/总数)
授权资源(已分配数/总数)
授权模块
软件到期
服务到期
设备状态
授权详情
1
NGAF
低端设备(0/1000)
标准设备(1/1000)
中端设备(0/1000)
高端设备(0/1000)
分支数(2/1000)
移动用户数(2/1000)
网站篡改防护数(2/1000)
SSL VPN用户数(2/1000)
跨运营商
IPSec VPN
IPS
网关杀毒
2015-06-17
2015-06-17
已授权资源匹
已授权资源不
未授权(1)
查看

图 12.62　导入序列号大于分配的资源

问题 4：设备常见授权失败的原因和解决方法如图 12.63 所示。

【问题现象 1】 授权失败，原因：新建设备或地址无法连接。

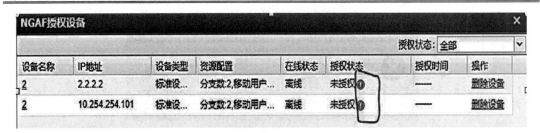

图 12.63　未授权

【检查方式】

(1) 确保此设备的 IP 地址，看服务器是否能 Ping 此 IP 地址。

(2) 确保此 IP 地址设备是对应的产品类型的虚拟设备。

【问题现象 2】　授权失败，原因：授权过期。

【检查方式】

(1) 检查主 key 或备 key 是否失效(页面会有提示)，如果失效，请重新更换。

(2) 找出并确认失效原因后，通过重置序列号重置 key 信息。

失效原因：

• 主 key 已超过 3 次激活。

• 备 key 已超过 4 次激活。

• 备 key 已使用 15 天。

(3) 检查序列号的软件时间是否到期，如到期需重新申请序列号。

(4) 请检查页面是否有提示 key id 不一致的信息，如有提示则需要重新申请序列号。

【问题现象 3】　授权失败，原因为通信异常。

【检查方式】

(1) 请检查需要授权的设备是否已被其他设备授权，或此设备是否已处于授权状态。

(2) 请检查网络是否异常，如环路问题。

## 2. vNGAF 常见问题

问题 1：vNGAF 首次授权不成功怎么办？

【解决方法】　先查看授权服务器的提示信息。

【检查方式】　检查项主要包括网络是否可达，vNGAF 和授权的 CPU 内存资源是否匹配。

问题 2：为什么 vNGAF 使用一段时间后授权就失败了？

【解决方法】　可检查一下网络是否可达，授权是否被删除，或授权有效时间是否已过期等。

问题 3：vNGAF 开机非常慢怎么办？

【解决方法】　通常情况下是主机的内存和 CPU 不足导致的。

问题 4：VMware 控制台界面为什么偶尔有命令行字符打印？

【解决方法】　由于内部程序可能往控制台输出字符，虽然研发 AF 时已对绝大部分字符做了打印开关限制，但疏漏在所难免。如果出现该问题可通过键盘按键进行清除。

本章介绍了虚拟防火墙的定义及优势，着重讲述了虚拟防火墙产品的部署和管理。

虚拟防火墙技术解决了传统防火墙部署方式存在的不足，可以很好地缓解复杂组网环境中各 VPN 的独立安全策略需求所带来的网络拓扑复杂、网络结构扩展性差、管理复杂、用户安全拥有成本高等几大问题，有效保障网络安全。

◀◀ 练 习 题 ▶▶

**单项选择题**

1. 在整个虚拟防火墙系统中，每个虚拟防火墙系统都可以被看成是一台(　　)防火墙设备。

　　A. 不完全独立的　　　　　　　　　　B. 完全独立的

　　C. 不独立的　　　　　　　　　　　　D. 不确定的

2. 在 MPLS 网络环境中部署虚拟防火墙，需在(　　)两个设备之间部署一台物理防火墙。

　　A. PE 与 PE　　　　　　　　　　　　B. CE 与 CE

　　C. PE 与 CE　　　　　　　　　　　　D. PE 与 AE

3. 虚拟防火墙是利用(　　)划分多个防火墙实例来部署多个业务 VPN 的不同安全策略的。

　　A. 逻辑　　　　　　　　　　　　　　B. 功能

　　C. 结构　　　　　　　　　　　　　　D. 网络层次

4. 防火墙预先定义了四个安全区域，这些安全区域也称为系统安全区域，其中安全级别最高的是(　　)区域。

　　A. Trust　　　　　　　　　　　　　　B. Untrust

　　C. DMZ　　　　　　　　　　　　　　D. Local

5. 根据数据流的(　　)信息，防火墙系统将会识别出所对应的 Vlan 子接口，从而把数据流送入所绑定的虚拟防火墙系统。

　　A. 入接口　　　　　　　　　　　　　B. Vlan ID

　　C. 目的地址　　　　　　　　　　　　D. 源地址

6. 下面(　　)不是虚拟防火墙和传统防火墙相比所具有的特点。(可多选)

　　A. 降低投资成本　　　　　　　　　　B. 更具灵活性

　　C. 具有扩展性　　　　　　　　　　　D. 不易于管理

7. 深信服 vNGAF 是面向应用层设计的虚拟化新一代防火墙，可以对 Hypervisor 平台上虚机间的流量进行双向检测，能够精确识别用户、应用和内容，具备从(　　)的完整的安全防护能力。

A. L1 到 L6　　　　　　　　　　　B. L3 到 L6

C. L2 到 L7　　　　　　　　　　　D. L4 到 L7

## 二、 简答题

1. 请列举常见的 Web 安全威胁有哪些。

2. 什么是"虚拟防火墙"？

3. 虚拟防火墙与传统防火墙有哪些区别？

4. 安装 VMP 前需要准备哪些材料？